新\时\代\中\华\传\统\文\化

▪知识丛书▪

中华烹饪文化

主编◎李燕 罗日明

海豚出版社
DOLPHIN BOOKS
CICG 中国国际传播集团

图书在版编目（CIP）数据

中华烹饪文化 / 李燕，罗日明主编 . -- 北京 : 海豚出版社，2023.4
（新时代中华传统文化知识丛书）
ISBN 978-7-5110-6321-2

Ⅰ . ①中… Ⅱ . ①李… ②罗… Ⅲ . ①烹饪—文化—中国—普及读物 Ⅳ . ① TS972.11-49

中国国家版本馆 CIP 数据核字（2023）第 037828 号

新时代中华传统文化知识丛书
中华烹饪文化
李　燕　罗日明　**主编**

出 版 人　王　磊
责任编辑　张　镛
封面设计　郑广明
责任印制　于浩杰　蔡　丽
法律顾问　中咨律师事务所　殷斌律师
出　　版　海豚出版社
地　　址　北京市西城区百万庄大街 24 号
邮　　编　100037
电　　话　010-68325006（销售）　010-68996147（总编室）
印　　刷　艺通印刷（天津）有限公司
经　　销　新华书店及网络书店
开　　本　710mm × 1000mm　1/16
印　　张　10
字　　数　85 千字
印　　数　5000
版　　次　2023 年 4 月第 1 版　2023 年 4 月第 1 次印刷
标准书号　ISBN 978-7-5110-6321-2
定　　价　39.80 元

序言

俗话说，“民以食为天”。吃，是人之本性，也是人类最基本的生存活动方式。

从茹毛饮血到烤煮蒸炸，从刨坑烹饪到钟鸣鼎食，从“尔惟盐梅”到诸味合一，从羹饮脍炙到八大菜系……在上下五千年的漫漫长河中，“吃”逐渐从一种生理需求变化出丰富多面的样貌，发展成为多样的烹饪技艺、各色的食品菜肴、经典的膳食理念以及餐具文化、筵席文化等独具中国特色的文化现象，成为中华文化中的一颗璀璨明珠。

在中国，吃，不仅是口腹之欲的满足，也是生活艺术的源泉，吃的文化已经超过了它本身，其社会意义可概括为精、美、情、礼四个字。这四个字反映了饮食活动过程中饮食品质、审美体验、情感活动、社会功能等所包含的独特文化意蕴，也反映了饮食文化与中华优秀传统文化的密切联系。

从一堆食材、一篇菜谱到一碗热饭、一道佳肴，包含的不仅仅是原料的变化，更是中国人的匠心独运，是中国人对美的认知，是中国人丰富的创造力的体现。

从单调匮乏的食材到丰富多彩的膳食，蕴含的不仅仅是中国各族人民辛勤的劳动、智慧的结晶，更是中国的历史发展以及对外交流的历程。

从具有地方特色的民间饮食到花样繁多的宫廷盛宴，展现的不仅仅是食物的差距变化，更是生活、等级、礼仪等方面的差异。

中华传统烹饪文化，是一种深层次、多角度、广视野、高品位的文化。学习传统烹饪文化，可以让我们发现饮食的美，感受烹饪的独特魅力，并从中了解古人的生活状态，体味中华民族的精神，了解中华的烹饪文化及其意义，对于进一步传承和弘扬中华文化有着积极影响。

目录

第一章 品美味，传精神：传承中华烹饪文化

第二章 我们的祖先吃什么：中华食材库的变迁

第三章　美食的时光之旅：中餐的历史发展

第四章　菜品的类别划分：烹饪的风味流派

第五章　让食物更美味的魔法：烹饪的技法工艺

第六章　中国代表性饮食：最具中国烙印的美食

第七章 餐桌上的趣谈：烹饪典故趣事

第一章

品美味，传精神：传承中华烹饪文化

一、烹饪为什么能成为一种文化

中华烹饪文化具有悠久的历史、丰富的内涵，是中华民族传统文化的组成部分，具有浓郁的民族特色和非凡的东方魅力。

如果单把烹饪看作是做饭炒菜的过程，那的确够不上文化的程度。但在中国，烹饪绝不是如此简单，它包含的东西丰富到你无法想象。换句话说，中国的烹饪不仅是一种文化，更是一种艺术，正如孙中山先生叹赏中国烹饪时所说："悦目之画，悦耳之音，皆为美术；而悦口之味，何独不然？是烹调者，亦美术之一道也。"

中国饮食之丰富、之讲究是无与伦比的。从中华文明的起始到封建王朝的衰亡，数千年来，不管是民间还是宫廷，人们的饮食都在变化且丰富着。从最初的五谷到后来的百粮，从单调匮乏的果蔬到多姿多样的食材，多少名菜佳肴、地方风味从百姓餐桌走向帝王的食单；多少御膳珍馐、山珍海味从宫廷散落民间。而这其中，隐含的是烹饪技艺的发展提升，从最简单的烤、煮到后来极其复杂的调制工序，无一不展现出中国人对于烹饪的重视和讲究。

有人说，中国五千年的发展史，有一半都是烹饪文化。这句话虽有夸大的成分，但是也有一定的道理。

中华烹饪在品种繁多的食品以及多样考究的烹调技术之外，还包含着由此衍生出的众多精神产品，而这些精神产品不仅对饮食的发展有着极其重要的影响，对其他领域也有着不可忽视的影响。

如伊尹提出的“五味调和之说”：食物能够久放而不腐烂，煮熟了又不过烂，甘而甜得不齁，酸又不至于过头，咸又不咸得发苦，辣又不辣得浓烈，淡却不寡薄，肥而不太腻，才算达到了美味。这不仅阐明了烹饪的精华所在，同时也隐含了劝谏商汤一统天下的含意。这一言论也开创了烹饪艺术化、哲学化的先河，对中国人生活的各个方面都产生了深刻的影响，一直延续至今。

孔子提出的“食不厌精，脍

不厌细”，不仅是对饮食艺术的讲究，还包含了他对人的品格和道德修养的要求，表明做人的标准和烹饪的标准从某些方面来看是一致的。

烹饪还代表着不同地区、民族的地理特征、风俗习惯、传统文化以及彼此之间的交流融合。

广东人的食物选材新奇而广泛，这和广东的地理环境有着密切联系。早在几千年前，岭南地区由于鱼蛇虫蛤种类繁多，唾手可得，生活在这里的越族先民就形成了喜好鲜活、生猛的饮食风格。

再如福建一带的饮食，之所以口味多样、外观精巧、工艺繁复，正是因为它博采各路菜肴之精华，在继承传统技艺的基础上，不断改进创新。

当然，上述也仅仅是中华烹饪文化的冰山一角，中华烹饪文化博大精深，独具特色，令人叹服。

二、学习传统烹饪文化的意义

中华传统烹饪文化是集“美”的体验、“味”的享受、科学的饮食观和烹饪理念为一体的文化现象，是包罗万象的，是博大精深的，也是意蕴深远的。

中华传统烹饪文化是我国各族人民数千年来辛勤劳动的成果和智慧的结晶，是中国人在烹调与饮食的实践活动中创造和积累的物质财富与精神财富的组合。学习传统烹饪文化对我们有着非常重要的意义。

第一，学习传统烹饪文化可以培养我们认识美、鉴赏美的能力。

让人眼前一亮的色泽，精巧各异的造型，复杂可口的味道……中华烹饪融合绘画、雕刻、美食等艺术手法，通过刀工、火候、调味、拼盘、搭配等手段，使得菜品具备集造型、色彩、滋味以及实用性为一体的艺术美。

学习烹饪文化，我们可以欣赏食物的艺术造型，了解色彩搭配的原理，体味菜品色和形的魅力，进而加深对美的认识和体验。

第二，学习传统烹饪文化可以帮助我们更好地了解中国的人文历史。

中华烹饪文化是中华优秀传统文化的重要组成部分。

我国幅员辽阔，民族众多，不同地区、不同民族的风俗习惯、宗教信仰以及彼此之间的交流融合、发展变化都能在烹饪中找到迹象。与此同时，饮食与人们的关系是极为密切的，从古至今，历史上很多名人名事也都与烹饪相关。所以，了解传统烹饪文化，有助于我们学习中国的人文历史。

第三，学习传统烹饪文化可以让我们明白更多为人处世的道理。

雕 花

“食饮有节，起居有常，不妄作劳，故能形与神俱，而尽终其天年，度百岁乃去”“食不语，寝不言”“晨晡节饮食，劳佚时卧起”……这些凝结了古人智慧和经验的诗词名言，不仅阐明了古人对于饮食的要求和重视，也隐含着许多朴素而永恒的价值观，对今天的我们依然具有指导意义。

中华传统烹饪文化博大精深，源远流长，拥有丰厚的底蕴和内涵，学习传统烹饪文化，对我们增长见识、拓宽视野甚至修身养性都有着十分积极的作用。

三、别具一格的中华烹饪

我们常说中华饮食、中华烹饪博大精深，独具特色，在世界饮食领域独树一帜，但它究竟特别在哪些方面呢？与别国烹饪相比，中华烹饪有什么与众不同的地方呢？

中华烹饪是在华夏大地上经过几千年的孕育、生长而形成的，它涵盖了我国的农业生产、文化艺术、哲学思想、伦理道德观念等各方面，与世界各国烹饪相比，有着诸多独特之处。

第一，风味多样，菜品繁多。

中国自古以来就疆域辽阔，民族众多，在不同的气候环境、物产种类、生活习惯、宗教信仰等影响下，各地饮食各有特点，形成了各种不同的风味，并被划分出了四大菜系、八大菜系乃至十二大菜系。

第二，技法多样，重视美感。

从煮、蒸、炸、炒到烩、酥、爆、熏、挂烤、拔丝，从对火候的掌握到对刀工的精细要求，中国的烹饪技法可谓花样百出，无所不有，也因此才能制作出色、形、味俱备的各种美食——造型奇特、色彩艳丽的菜品，小巧玲珑的点心，形态不一、颜色多样的小吃，给人们带来味觉和视觉的双重享受。

第三，注重搭配，讲究食疗。

传统烹饪讲究食物与季节的搭配，按照季节特征如温度、干湿情况调配饮食。以我国北方为例，春季气温上升，万物复苏，人体也处于较好的状态，宜于尝鲜，因而饮食种类要丰富，口味适当浓重；夏季天气炎热，毒气开始侵体，就要以排毒助消化的食物为主，口味讲究清淡爽口；秋季气温逐渐下降，要以温性食物保健身体；冬季气温骤降，寒气入体，需食用驱寒滋补的食物，方式多用炖、焖、煨。

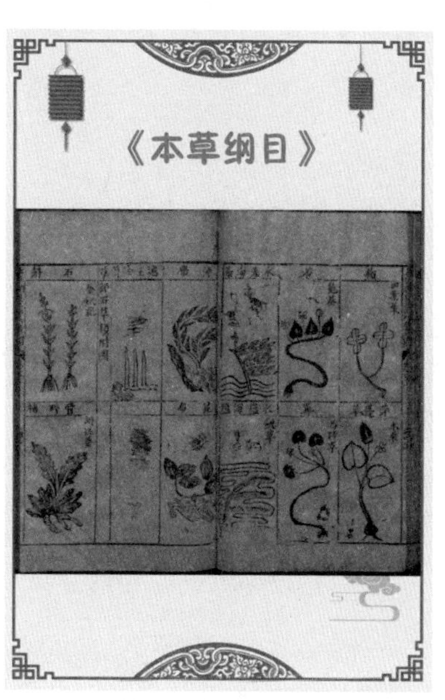
《本草纲目》

传统烹饪还讲究药与膳的结合。自古以来，药与膳就密不可分，八大菜系之一的鲁菜最早的一支就是起源于药膳。李时珍的

《本草纲目》中收录的绝大部分动植物都有药用价值，而药膳就是将某些具有药用价值的食材原料，直接根据食材的特点与相应的药材搭配，烹制成美味的菜肴，从而达到味觉享受和预防疾病的双重功效。

第四，注重情趣，讲究礼仪。

从先秦时期的钟鸣鼎食到如今的花样摆盘，中国人在饮食烹饪上的品位从未消减。从对菜品外观和口味的要求到饮食的方式、时间的选择，再到宴请贵客时器具的规格要求和摆设以及上菜的顺序，无一不彰显着国人在饮食方面的极高情趣以及严谨的礼仪。

四、从烹饪看中国人的性格品质

烹饪和饮食是人们生活中不可或缺的一部分。很多时候，我们可以从一个人的饮食习惯看出他的性格特点。把这一点放大来说，从一个国家的烹饪和饮食文化中也能看出这个国家的国民性格。

中国人性格中的很多特点都能在我们丰富而源远流长的烹饪文化中找到影子。

第一，节俭。

节俭是中华民族的传统美德，同时也是中国人的一个显著性格特点。这在烹饪饮食上有着明显的体现。

节俭饮食是中国古人一贯追求的饮食理念和生活方式。早在商周时代，先哲们就提出了“慎乃俭德，惟怀永图”的观点，将生活各方面包括饮食上的节俭与德行修养联系在一起。

孔子说：“饭疏食，饮水，曲肱而枕之，乐亦在其中矣。”

充盈的内心，搭配简朴的饮食，就能生活得怡然自得。

当然，节俭并不意味着节衣缩食，刻意求“苦”，而是有节制，懂得合理利用。这在烹饪上就表现为“物尽其用”，不随意丢弃任何有价值的部分，比如烹饪芹菜时，芹菜茎可以炒着吃，而叶子则可用于熬粥煮汤。

第二，质朴。

中国饮食虽以样类繁多、精细雅致而闻名，但你仔细品味就会发现，每一道菜肴，每一种食物，不管是华美的还是朴素的，不管是丰盛的还是简约的，都是自然而朴实的，华美的外观下保留着食材的原汁本味，精巧的造型下是工匠们脚踏实地、兢兢业业的付出，而那些本就朴实无华的食物则满足了人们的基本需求，更是质朴之极。

可以说，中国人的质朴在我们的烹饪文化和饮食生活中有着深刻的体现。

第三，细致。

以精细的刀功、多样的方式、讲究的火候以及各种样式的器具对烹饪原材料进行处理、切割、组配、调味、配色、造型，再对已成型的菜品按照色彩、营养价值、形态等进行修饰、搭配、吃法研究，这其中的细致功夫绝对是数一数二的。

第四，别具想象力。

从中国那些流传于世的神话故事和民间传说中，就可以看出中国人的想象力是多么的丰富。这种丰富的想象力在烹饪和饮食中，也有着广泛的体现：根据民间故事设计菜肴，如贵妃鸡（因杨贵妃得名）等；以巧妙的构思设计食品的名称和外观，如蝴蝶飘海、珍珠鲴鱼鱼圆等。

可以说，和中国历史一样长久的中华烹饪文化，在陪伴着人们走过风风雨雨的过程中，也将中国人的性格特征融入其中。

五、怎样传承中华烹饪文化

中华烹饪文化内容之广博，历史之悠久，技艺之精湛，都堪称世界典范。继承这一传统文化，发扬其中蕴含的民族精神，是每一个中国人都应该具备的意识和承担的责任。

从国家层面来看，传承中华烹饪文化，应当鼓励建设有中国特色的食品工业，加大对传统烹饪文化的国际宣传，将中国饮食转化为全球性的商品。可以将中华烹饪中最独特的部分，如民族饮食、民间饮食等进行挖掘开拓，发扬创新，使其走出国门，走向世界。

另一方面，中华烹饪也要秉着开放包容的态度，吸取世界各国家、各民族烹饪之长，与自身融会贯通，在独具特色的同时也能满足更多海外人群的味蕾。

从社会层面来看，传承中华烹饪文化，要从改善饮食结构及品种入手，从教育宣扬入手。

从烹饪诞生之初，我们的祖先就确立了以五谷蔬菜为主、肉类为辅的饮食结构，但随着社会生产力的提高，物产愈加丰富，人们渐渐不重视这种传统的饮食结构。因而，保持以植物性食物为主、动物性食物为辅的饮食结构，再通过培育和开拓绿色美食资源，搭配健康多样的绿色食品，不仅有益于身体健康，也对文化传承有着重要意义。

教育的作用不仅是通过灌输专业的理论知识，培养某一领域的人才或者纸上状元，更重要的是要传递社会生活经验，宣扬传统文化，发扬民族精神。

当然，教育的方式不仅仅是课堂讲授，父母对孩子的言传身教，企业对员工进行的演讲培训，都是有效的教育方式。利用好的教育方式向公民传递烹饪文化知识，也是一种行之有效的传承。

从个人层面来看，传承中华烹饪文化，一方面要主动学习传统烹饪文化，另一方面也要注意提升个人的饮食素养，既要从自我创造层面上来促进对中华饮食

文化的传承与发展，也要从鉴赏、消费层面对烹饪有较为全面的认识。

换言之，我们不仅要能吃，也要会吃，更要懂得吃，且能创造“吃”。在日常生活中，我们应该有意识地了解各地的饮食文化知识，包括历史发展、风俗习惯、精湛技法等，并在这一过程中熟悉饮食营养搭配、烹饪技法、烹饪艺术等方面的实际技能，进而形成较强的饮食文化鉴赏与创造能力。

中华烹饪文化涉及食源的开发与利用，食具的运用与创新，饮食与社会治理、文学艺术、人生境界的关系等多方面。继承和发扬中华烹饪文化任重而道远，需要我们加倍努力，持之以恒。

第二章

我们的祖先吃什么：中华食材库的变迁

一、中华五谷有哪些

我们都听过“神农尝百草”的故事，相传神农氏为了救治自己的臣民，亲自尝百草，以身试毒，从多种植物中分离出了可治病的草药和适合种植的野草。

神农氏将这些野草带回部落，分发给百姓们试种，经过长时期的探索，最终培育出了五谷，解决了当时人们食物短缺的问题。

在中国，谷物有着非比寻常的意义。漫长的历史长河中，谷物帮助人们抵御过原始社会的饥馑，陪伴过底层民众的穷苦，也点缀过钟鼎之家的富贵，是充饥御寒的良品，也是人类文明的起源。

上古时期，我们的祖先长期以来都是依靠自然界现有之物生存，饮食多是野生植物的根、叶、果实或动物血肉，但随着人口数量不断增加，飞禽走兽、植物果实等越来越少，食物不足的问题就越来越严重。

而五谷的培育成功，则从根本上解决了这一问题，人们可以凭借自身劳动获取食物，食物来源具有了确定性。《逸周书》中有云：“神农之时天雨粟，神农耕而种之，作陶，冶斤斧，破木为耜锄耨，以垦草莽，然后五谷兴，以助果蓏之实。”

那么，五谷究竟指的是什么呢？

“五谷”一词最早出现于《论语·微子》：“四体不勤，五谷不分。”五谷，通俗来讲就是五种谷物，但具体是哪五种，历来说法不一。一种说法是指稻、黍、稷、麦、菽；另一种说法指麻、黍、稷、麦、菽。

这两种说法各有各的道理，第一种说法中无麻有稻，就麻和稻两种作物相较而言，稻更适合食用，因而第一种说法不无道理。但是，从我国先民活动的迹象来看，黄河流域是最初的经济文化中心，而这一地带并不适合种稻子，因此，后一种说法也有道理。

不过，无论怎样划分，早期的五谷就在上述这六种作物当中。战国时代的名著《吕氏春秋》里专门谈论农业的文章中就提到了栽种禾（稷）、黍、稻、麻、菽、麦这六种作物的情况，可见早期中原地区的农作物很大概率上就是这六种。

这六种作物中，稻和麦直到今天依然是我们日常的主食之一，现代人也非常熟悉它们，那么剩下的四种作物是怎样的呢？

黍，外观上与稻类似，黍子的籽实去壳后就是黄米，黄米是一种黏性较大的米，形态与小米相似，但比小米略大，颜色也较浅，可以酿酒、做糕。

稷，今称稷子、糜子，类似于谷子，也有人说是高粱的一种，果实去壳后为稷子米，不黏，色泽金黄。

麻，有多个品种，古代专指大麻，主要用于农业生产或纺织，用作食用的较少。大麻茎皮可做绳子、麻衣，枝干可当柴烧，也可搭建房屋。

菽，是豆类的总称，古语云：“菽者稼最强。古谓之尗，汉谓之豆，今字作菽。菽者，众豆之总名。然大豆曰菽，豆苗曰藿，小豆则曰荅。”

随着历史的发展，粮食作物种类越来越丰富，“五谷”在粮食供应中所处的地位在不断变化，“五谷”的含义也在不断变化。

如春秋战国时期，粟、黍和菽因为耐贫瘠、利于贮存的特性而被格外重视，是人们日常不可或缺的粮食。之后，冬小麦能在晚秋和春季快速生长，并能起到解决青黄不接的作用，加上石圆磨的发明，麦子的食用从粒食发展到面食，适口性大大提高，受到了人们普遍重视，从而发展成为主要的粮食作物之一。

唐宋时期，原本地广人稀的南方地区人口数量开始大量增加，适应南方气候的水稻被越来越广泛地种植，地位不断提升。到明代时，水稻已经在粮食供应中占据了绝对优势。

发展至今天，“五谷”也不再是单纯指五种主要粮食作物，而是所有粮食作物的泛称。“五谷”内涵的变化，在一定程度上反映了粮食作物种类的不断丰富以及中国农业的快速发展。

二、鸡豚狗彘：我们的祖先吃什么肉

中国人喜欢吃肉，更擅长做肉，我们烹饪肉的本领来自祖先的遗传。那么，我们的祖先们都能够吃到哪些肉呢？

《孟子》上说："鸡豚狗彘之畜，无失其时，七十者可以食肉矣。"意思是好好喂养鸡、狗、猪这样的家畜，才能让老人吃上肉。我们从《孟子》这句话能够看出两方面的信息：第一就是中华民族自古就有尊老的传统；第二就是肉在古代被视为稀罕物，因此才要供奉给老人。

肉食即便再稀罕，还是会出现在中国古人的餐桌上的，那么，古人的餐桌上，都有哪些肉呢？

首先是猪肉。猪肉是中国人最常吃的肉类，中国人驯化猪的历史非常早，而驯化的目的就是吃肉。猪肉对于中国人有多重要呢？这一点从一个汉字上就能体现出来——

家。家这个字的重要组成部分就是一头猪——豕。我们祖先还研究出了各种关于猪肉的吃法，从商周时期的鼎烹，到秦汉的烤肉、腌制，再到宋代著名的东坡肉，中国人在吃猪肉上可谓花样百出。

猪肉之外，牛羊肉也是中国人餐桌上的重要肉类。《礼记·王制》说：“诸侯无故不杀牛，大夫无故不杀羊，士无故不杀犬豕，庶人无故不食珍。”这句话说出了牛羊肉的珍贵，也表明古人已经开始吃牛羊肉了。

牛羊肉作为珍馐食材，一直都被我们的祖先推崇备至，以至于祭祀天地祖先的时候，牛羊肉都是最好的供奉礼物。不过在漫长的历史中，牛羊肉却走向了两条不同的道路。

牛在农耕社会的作用过于巨大，以至于杀牛吃肉被看作是极大的社会资源浪费，在很多朝代都是被禁止的。唐朝就颁布过不准擅杀耕牛的法令，明朝则规定杀耕牛吃肉要被罚充军发配。所以牛肉虽然美味，却一直不能成为我们祖先的正式肉类来源。

我们祖先认为羊肉的美味不亚于牛肉，以至于中文的“鲜”字就是由鱼和羊两个字组成。羊对于草料的需求更严格，出肉率也较低，所以在中原地区一直也没有形成普遍吃羊肉的习俗。在我国的少数民族地区，因为有广阔的草原，因此有羊肉的稳定来源，羊肉成为普通人的餐桌美食。

除了猪、牛、羊之外，中国人有吃狗肉的历史。《史记》中记载汉朝大将樊哙曾以卖狗肉为生，在明代话本小说《济公》里，济公打牙祭的食材往往也是“一只狗腿”。

庖厨图

鸡肉、鸭肉与鱼肉，是我们祖先餐桌上较为稳定的肉食来源。中国人吃鸡的历史可以追溯到商周时期；鸭肉则在汉代时成为重要的肉食来源，有人还专门写了一本《相鸭经》；鱼肉则与鸡肉几乎同时端上我们祖先的餐桌，因为历史悠久，我们祖先还留下许多吃鱼的典故。伊尹从奴隶成为商汤的宰相，就是因为他擅长做鱼；专诸刺杀王僚，就是化装成做鱼的厨师，然后把匕首藏在鱼肚子里面。

除了这些稳定的肉食来源，我们祖先也热衷于品尝野味，诸如鹿肉、野猪肉、大雁肉、龟肉、蚌肉、兔肉等，都是我们祖先餐桌上的食材。

三、“瓜田李下”：古人吃什么果蔬

“瓜田李下”出自古诗《君子行》中的“瓜田不纳履，李下不正冠”，意思是：经过瓜田，不弯下身来提鞋，免得人家怀疑摘瓜；走过李树下面，不举起手来整理帽子，免得人家怀疑摘李子。

抛开延伸之意，这则成语中还蕴含着另一层信息，那就是瓜和李子是古代常见的蔬菜、水果。

古代的中国，水果种类也很多，而最古老的水果当属桃子和李子，在距今约3000年的商代时就有种植。桃李的悠久历史，从古诗词中就可见一斑，在有中国古代诗歌开端之称的《诗经》中就有大量关于桃李的经典诗句，如“投我以木桃，报之以琼瑶，匪报也，永以为好也；投我以木李，报之以琼玖，匪报也，永以为好也”。

不管是“桃之夭夭，灼灼其华”的耀眼，还是“李子冰玉姿，文行两清淳”的纯洁，古人对桃和李的颂扬，在一定程度上凸显的是桃李在古代水果中的重要地位。

梅子和桃李一样有着相当久远的历史，但是在水果中的地位却稍显逊色。中国人食梅的历史可追溯至夏、商、周时期，古籍《尚书·说命下》中有“若作和羹，尔惟盐梅”，说的正是梅作为调味品，地位可与盐相媲美。除了作调味品，古人还常用梅来酿酒、制茶、做成蜜饯来食用，有时还会将其入药，如东汉医圣张仲景《伤寒杂病论》就记载梅有止咳、止泻、止痛、止血、止渴的作用。可见，在古人的生活中，梅有着广泛的用途，但也正是这些另类的用途使得梅在水果中的地位始终不高。

而至今依然在常见水果中占据重要地位的苹果和梨，在古代也是人们常吃的水果。

苹果，最初并不叫苹果，而叫“柰”。柰是中国本土培育的苹果，大约在汉代时就已经成为人们喜欢的水果之一了，如西汉司马相如的《上林赋》中就有“亭柰厚朴”的描写。明代，柰又被叫作“频婆”，如明朝王象晋的《群芳谱》记载，“柰，一名频婆，与林檎一类而二种”，到清朝时，又演变为“频果”，正是如今“苹果”称法的来源。

“孔融让梨”的故事告诉我们，中国人吃梨的历史十分久远。在古代，梨因为味甜汁多而受到人们的普遍喜爱，被称为蜜父、快果、玉乳等，并有“百果之宗”的美誉。

除此之外，我国古代的水果还有很多，比如橘子、柚子、杨梅、荔枝、龙眼、枇杷、甘蔗、香蕉等。可以说，我们国家本土的水果种类是非常丰富的，古人能吃的水果有很多。

古代，产自中国本土的蔬菜并不多，人们食用的品类有限。虽然《诗经》中提到人们所食用的蔬菜共有20余种，但事实上大都是一些浮萍、树叶和水草之类。这意味着，先秦时期，古人可食用的蔬菜种类非常有限。

古人最常食用的蔬菜是白菜。白菜最初被称为“菘”“葑”，其起源最早可追溯至新石器时期，到春秋战国时期，人们已经开始广泛栽培。

有谚语说“萝卜白菜，各有所爱”，足可见两者在中华饮食文化中的重要地位。萝卜同白菜一样，被食用的历史也很久远，《诗经·邶风·谷风》里有一句“采葑采菲、无以下体”，“葑”是白菜，“菲”就是萝卜。除了“菲”的名字，古代时萝卜还被叫作“芦菔”“莱菔”，如宋代苏颂著的《本草图经》中提到“莱菔南北皆通有之……北土种之尤多”。这也表明，在宋朝时，中国各地就已经普遍栽种萝卜。

除了萝卜和白菜之外，先秦时期的蔬菜还有葵、藿、薤、葱、韭等，其中一些菜随着历史的变迁逐渐被人们所淘汰，比如藿，也就是大豆苗的嫩叶，在周代以前是主要的蔬菜之一，但之后就极少被当作菜吃了。

秦汉时期，随着大一统局面的形成，对外交流逐步频繁，许多蔬菜被引入我国，古人可食用的蔬菜种类才逐渐增多。

总的来说，中国古代的水果一直以来都很丰富，相较之下，蔬菜种类比较少。倘若一个现代人穿越回到秦汉以前，大概率会因为蔬菜种类少和不够美味而胃口不佳吧。

四、胡萝卜、番茄：丰富的外来食材

如果一个现代人穿越到秦汉之前，吃饭时估计会十分失望了，因为那时，诸如番茄、辣椒、玉米、石榴等都还没有传到中国呢。想想看，要是你打算简单吃个西红柿打卤面，炒个地三鲜，吃点石榴当饭后甜点，这点需求都满足不了，能不失望吗？

关于我国诸多蔬菜的来源，农学家石声汉先生有过这样精辟的总结：大凡姓“胡”的蔬菜很多是两汉西晋时由西北传入的，如胡姜、胡桃等；大凡姓“海”的蔬菜，大多是南北朝以后从海外引进的，如海枣、海棠等；大凡姓“番”的蔬菜，多数是南宋至元明时经“番舶”传入的，如番薯、番茄等；大凡姓“洋”的蔬菜，则大多为清朝时由外传入，如洋葱、洋姜等。

当然，关于这一总结，也有例外情况，但可以肯定的是，带有这些字眼的蔬菜基本上都是外来的。而对于原产蔬菜相对匮乏的中国来说，也正是这些来路众多的外来蔬菜，在很大程度上丰富了古人的餐桌。

胡萝卜，最早生长在亚洲西南地区，在13世纪（元代）时被引进中国，《本草纲目》中记载："元时始自胡地来，气味微似萝卜，故名。""胡"在古代是指北方或西域的少数民族，后来被引申为对外国人的统称，因而从伊朗被引进来的萝卜就被冠上了"胡"姓。

除了胡萝卜外，番茄也是一个知名度较高的外来蔬菜品种。

番茄原产于南美洲，在明朝时传入我国。因为颜色艳丽，最初人们对番茄是极为警惕的，不敢轻易食用，这也是为什么番茄被引进我国后，有很长一段时间被当作观赏性植物，并没有"蔬菜"的头衔。

那么，番茄是如何成为食物的呢？据说，18世纪时，有一位法国画家看番茄长得实在俏丽可爱，就没忍住尝了一口，发现果然美味，于是广为传播。中国人开始食用番茄，大概是在晚清光绪年间。

此外，很多没有外姓的蔬菜实际上也是从其他国家和地区漂洋过海引进的，比如黄瓜、豌豆、姜、蒜、香菜、茴香等是在西汉时期由西域传入中原；汉末三国，茄子和扁豆传入了我国；唐宋时期，菠菜、绿豆、南瓜、木耳菜等被引入；明清两代，马铃薯、菜豆、四季豆、豇豆、卷心菜、西葫芦、生菜、菜花等被引进。

除蔬菜之外，其他类型的食材，如粮食作物、水果等，也有很多品种是从外国传入我国的。

粮食作物中的玉米、番薯，都是在明代时传入我国的。

16世纪初期，有外国使者来访中国，他们将自己国家盛产的玉米作为觐见皇帝的礼物，留在了我国的沃土上。

番薯也就是地瓜，引入的时间稍晚于玉米，大约是在16世纪末期，由西班牙殖民地吕宋（今菲律宾）引进中国，如《金薯传习录》中记述：明朝万历二十一年五月下旬，福建长乐县华侨陈振龙冒着生命危险将红薯带到福州，从此传遍大江南北。

水果中的葡萄、石榴，都是在汉代时，由张骞出使西域的时候带回来的。

这里说的葡萄，更确切地说应该是西洋葡萄，我国本土生长有一种野葡萄，在殷商时代就已经被人们采食了，《诗经》中记载有“六月食郁及薁”，“薁”就是野葡萄。而西洋葡萄是汉代时产自西域大宛国的优良品种，味道比野葡萄要好很多，自引进后就在我国各地广泛种植，与此同时，相关的葡萄及葡萄酒文化也开始迅速发展。

石榴在古代时又被称为“安石榴”，之所以有着这样的名称，就是因为它的原产地在“安石国”，《博物志》中记载：“汉张骞出使西域，得涂林安石国榴种以归，故名安石榴。”

相传，张骞在第二次出使西域时途经安石国，当时这个国家正在闹旱灾，张骞就向国王传授了兴办水利的经验，使得该国的干旱状况有所缓解。后来，张骞要离开时，国王想要送些东西表示感谢，张骞就要了他们御花园中栽种的石榴树种子，就这样将石榴带回了大汉王朝。

除了葡萄和石榴，汉代以后，西洋苹果、无花果、西瓜、木瓜、油梨等水果也都逐渐从国外引入我国。

繁多的外来食材，在一定程度上改变了中国人的饮食结构，对人们的饮食生活产生了深远影响，从侧面也反映出中国古代对外交流的历史进程。

五、酸甜苦辣：多样的中国调料

盐酱醋糖，这些我们每天都要吃、每顿饭都离不开的调味品，你了解多少呢？别看它们不起眼，是诸多食材原料中最容易被忽视的那一类，但在烹饪中却发挥着重要的作用。

无论是在现代还是在古代，日常调味品中，盐都居于首位。无盐，则食无味也。

中国人对于盐的使用，可上溯至5000年前的仰韶文化时期。这一时期，人们就已经会通过烹煮海水或海沙来获取粗盐，这种制盐方式，史称“鹽”。

在使用盐的过程中，人们逐渐认识到了盐对食物有增加美味和延长贮存时间的功能，便将盐更广泛地用于饮食调味，如在上古时期，先民们就已经开始用盐腌制肉类。大约在3600年前，盐开始被用于加工调味品，饮食界内由此形成了“甘、咸、苦、辛、辣”的“五味之说”。

醋作为中国传统的调味品，其作用也不可忽视，如果说盐通过增咸提升了食物的鲜味，那么醋则通过酸味刺激人们的胃口。

据史料记载，醋的源头有两个。一是起源于酒。夏、商、周时期，古人在酿酒时出现了意外情况，导致酿出的酒有一股酸味，这种酒被称为“苦酒”或“酢”，也就是最早的醋。另一个是起源于肉酱的汁。周代时，人们十分喜欢制作肉酱，制酱的过程中，会产生大量有机酸，因而酱汁的味道是酸的，这种酱汁被称为“醯”，也逐渐被用于调味，如《周礼》一书中记载：“醯（xī）人掌五齐、七菹（zū）。”

汉代时，“酢”和“醯”开始混用，系统的酿醋也是从这一时期开始的。到南北朝，“醋”的名称得以出现，醋的酿造和使用也更加普遍，如北魏的《齐民要术》中就记载了不少酿醋的方法，其中还包含陈醋的制法。到了唐代，醋的种类更加丰富，出现了米醋、药醋、麦醋、杂果醋等。

醋具有开胃助消化、活血解毒等功效，既能增加食物的美味，也能作药有益于身体康健，因而能够流传千年，延续至今，依然在烹饪调味中扮演着不可或缺的角色。

醋虽然出现的时间不算晚，但在它诞生之前，人们是如何在饮食中添加酸味的呢？在醋未出现之前，古人已经懂得利用梅子中的果酸进行调味，这大概可以追溯到新石器早期，并且直到商代，梅子依然担当着调味品的角色。

商周时期，盐、梅、酒被称为当时的“烹调三巨头”。此后，盐在调味品中的地位一直不曾被撼动，而梅因为醋的出现逐渐转向其他领域，被用来制作甜点、饮品等，酒因散发出特殊的谷物香味一直在烹饪中占据一席之地。

糖也是我国古代重要的调味品之一，《洪范》中提到的“五味”就有甘，《礼记·内则》有“枣栗饴蜜以甘之”的记述。

周王朝后期，有更多的调味品登上了历史舞台，如花椒、生姜、桂皮、小蒜、大葱等，《礼记·内则》中记载“脍，春用葱……脂用葱……兽用梅”，说的正是大葱的最初用途。

秦朝时，调味品的种类更加丰富，在前代的基础上又增添了蜂蜜、豆豉、蓼、茱萸等。且在这一时期，复合型调料肉酱获得了充足发展，秦人吸收前人的经验，制作出了风味更为独特的肉酱。到两汉时期，这种肉酱又被汉人不断扩增原料，用兔肉、鱼肉、羊肉等制肉酱。两汉时期，随着通往西域的大门被打开，胡椒、香菜、大蒜等调料开始被广泛应用。

调味品的大爆发出现在唐代。唐朝时国力强盛，疆土辽阔，对外交流也更加频繁，调味品获得了快速发展。以盐为例，战国时期，在秦国蜀郡太守李冰的倡导下，在四川地区开凿井盐，到唐代时四川境内有盐井的地方就多达 64 县。除此之外，更多新的调味品如饧、乳、酪等也出现在烹饪中。

可以说，到唐代时，人们所使用的调味品种类极为丰富，除了复合型的调味品，基本上已经和现代相差无几。

调味品的使用不仅可以为膳食增香、提鲜、去腥，还能改善风味和色泽，造就出口味多样的美味佳肴。

第三章

美食的时光之旅：中餐的历史发展

一、从“脍炙人口”说起

“脍炙人口”出自五代王定保《唐摭言》：“如‘水声长在耳，山色不离门’，又‘扫地树留影，拂床琴有声’……皆脍炙人口。”“脍”原意指切得很细的肉，“炙”则指火烤、烤肉，脍炙人口的本意为好吃的东西人人都爱吃，由此延伸出美妙的诗文人人都称赞。

我们祖先最初的饮食状态，用四个字即可概括，那便是“茹毛饮血”。远古时期，人类的生存条件极为恶劣，居无定所，食不果腹，常吃的食物是一些植物的果实和根叶。

随着实践经验的增加，先民们逐渐学会制造一些简易物品和工具，比如用树叶制衣裳，用树枝盖房子，将石头磨成利器等，以此来保暖和躲避猛兽的袭击，使用石器则更容易捕猎和获取食物。

最初，人们获得鸟兽后，往往直接啃食其血肉，即便做处理也只是粗略扯掉皮毛，这种吃法实际上和动物并没有什么区别，在饮食历史上被称为史前的蒙昧时期。

后来，在越来越多地食用肉类的过程中，人们开始掌握了处理生肉的方法——“脍”。人们获得鸟兽后，先将其皮毛去除干净，然后用锋利且薄的石器将其割成薄片再食用。这样处理过后的肉，吃起来更加方便，口感也更好。

这种简单的加工方式使得先民们意识到可以通过某些处理方式使食物的味道变得更好。先民们开始了对于饮食的初步探索，此后，“捣”“脯”和“鲊”的处理方式也相继出现。

“捣”是指用圆滑的石头将生肉捶至松散；“脯”是指将割成的薄肉片进行风干；“鲊”则相对复杂一点，需要在肉片上抹上当时的一些“调味料”再进行风干。

可以说，在人类还未使用火之前，这些简易的处理方式使先民们可以吃到当时条件下最美味的食物。此后很长一段时间，古人类在饮食上一直是这样的状态：吃的是简单处理后的鸟兽生肉和植物的根叶果实，喝的是冷血或冷水。直到旧石器晚期，先民们开始掌握用火，这一切才发生了翻天覆地的变化。

先民刚开始用火时，用的是“天然火”，也就是闪电劈中树木而产生的火，但这种火并不是随处可见的，也不是随时都能产生的，所以使用起来并不方便。

到后来人工火（钻木取火、击石取火）出现，人们开始更多地将火与食物结合，而最初用火加工食物的方式就是“炙”，即火烤。人们从闻到的被火烧焦的动物尸体散发出的香味获得灵感，将肉用树枝串起来放在火上烤着吃。经由这种吃法，火在饮食中的使用越来越广泛。渐渐地，人们又学会利用石板、石块（鹅卵石）做炊具，间接利用火的热能烹制食物，探索出了更多新型的吃法。

比如，在地上挖一个坑或者在天然石坑中，铺上兽皮，放入水和肉，然后向里面投进多块烧红的石头，以此将肉煮熟；将石块堆积起来烧至炽热后扒开，将肉放进去再用石块包严烫熟；将动物身体破开，在其体腔中放入烧红的石块，使肉受热变熟。与此同时，非肉类的食物也开始用火加工了，比如将植物的种子放在烧热的石片上进行翻炒。

经过这些方法的处理，食物不仅鲜美可口，也更加卫生，易于存放。

先民们这些在饮食领域的开创性举措被后世一直沿用，并创新发展成为影响深远的烹饪理念，如春秋时期孔子提出的“食不厌精，脍不厌细”，正是对“脍”这种处理方式的进一步发展。

“脍”“炙”，两种极为简单的食物处理方式，是中华先民在饮食探索中的觉醒，也是中华美食得以诞生的源头。

二、豪奢的周八珍

烤乳猪、酱牛肉……这些色香味俱全的美食一直以来都广受人们的喜爱，然而若没有几千年前的“八珍”，这些美食可能根本不会出现在我们的生活中。

农耕文明出现后，人们在饮食上逐渐有了清晰的结构，以五谷为主，辅以菜肉，或蒸或煮，再加以简单调味。这也是中华烹饪的雏形。

进入奴隶社会后，贵族阶级逐渐出现，他们通过特权获得了丰盈的物资和大量的人力，为饮食的发展提供了更加便利的条件。纵观几千年的饮食发展，不管在哪个时期，宫廷饮食始终代表着当时烹饪的最高水准，正是源于此。

在我国历史上第一个王朝夏朝时，掌管宫廷膳食的专职官员“庖正”就已出现。到了商朝时，宫廷负责膳食的官员就有了细致的分类，宫廷中各类供食用的动物、食材、饮料以及制作、盛放食物的器皿也都比较齐全。

这一时期，宫廷膳食获得了很大的发展，夏朝时宫廷烹饪制度和饮食文化已初具雏形，伊尹提出“五味调和之说”……商代宫廷烹饪多追求“珍”“奇”，善用大象、犀牛、天鹅甚至老虎等动物或者常见动物的特殊部位，制作丰盛的饮食。

经过夏商两代在饮食方面的推陈出新，周代时，宫廷烹饪在继承的同时又大胆创新，于是“周八珍”得以诞生。

提到八珍，多数人脑海里显现的可能是熊掌、燕窝、鹿筋等名贵食材，但是周八珍却并非如此。周八珍指的是供奉周天子使用的八种菜肴，这八种菜肴之所以“珍”，一是食材名贵，二是使用了当时多种独特的烹饪方法。

周代宫廷烹饪吸收了夏朝精于调味和殷商选材奇广的特点，并在做法上下功夫，再结合动物油脂的使用，开创了多种烹饪方式。周八珍便是周代宫廷烹饪的顶级代表。

根据《周礼·天宫》和《礼记·内则》的记载，周八珍分别为淳熬、淳母、炮豚、炮牂、捣珍、渍珍、熬珍和肝膋八种菜品。

如果用现代的眼光来看，淳熬和淳母就是肉酱油盖浇饭，两者的区别在于一个用的是旱稻米，一个用的是黍米。炮豚、炮牂指的是火烤、油炸、炖乳猪和小羊羔。捣珍、渍珍、熬珍中的“珍”指的是肉块，多为牛羊肉，也有鹿里脊肉。捣珍是指经捶打后烧制的肉块，渍珍指的是用酒、糖浸的牛羊肉，熬珍指的是用姜、桂皮等调料腌制的牛肉，类似现在的五香牛肉干。肝膋的原料为狗肝，即以网油蒙在狗肝上，然后用火烤炙而成。

周八珍网罗了当时珍贵的食材和烹调方法，其出现固然与周天子的享乐奢华是分不开的。从烹饪发展的角度来看，周八珍的出现具有重要意义。

周八珍讲究的制作技法和工序，凸显了烹饪的艺术性。

以炮豚为例，首先选一头肉质上乘的乳猪，然后宰杀剖腹去除内脏，再裹上芦帘和黏土放在火上烤。待黏土烤干，剥开外层，在乳猪表面涂上米粉糊，而后放入油中炸，炸好后再切成片状，置于汤锅中连续炖上三天三夜，最后起锅用酱醋调味才算完成。

如此精细的制作和复杂的工序，在“八珍”之前是从未有过的，这也标志着我国烹饪艺术的形成。

另一方面周八珍开创了多种烹饪菜肴的方法，为后世提供了借鉴。

如北魏时期的“炙豚”以及清代袁枚《随园食单》中“烧小猪”的做法上均有炮豚的影子；后世的烤菜、盖浇饭、网油包菜等也都与周八珍有着直接的联系。

周八珍还激发了后世对于名贵食材烹饪食法的研究，催生出了更多种类和口味的“八珍”。

周八珍对后世的影响之远之深，以至于到今天，“八珍”的名字也依然广为沿用。

三、秦汉：胡味初现

秦汉时期是中国历史上的大一统时期，也是各民族大融合的时期。中华文化在这一时期得到了整合，形成了汉族、汉字、汉语、汉服等，中华烹饪在这一时期也得到了极大发展。

秦汉时期，人们沿用的依然是商周时的饮食结构：五谷为主，菜肉为辅。

秦朝结束了战国时期诸国割据混战的局面，实现了国家的统一，促进了民族大融合，其饮食也表现出了与前代不同的特点。

秦人出自西北，在长期与戎狄人接触的过程中，形成了明显的肉食传统，再加上蔬菜种类本不多，所以对肉食的需求是相当大的。

当然，秦朝时肉类是非常珍贵的，要优先供给皇帝和贵族享用，平常老百姓要吃点肉并不容易。

在秦朝时，家畜中的牛是受到法律保护的，牛肉不可以随便乱吃，有老死或意外死掉的牛，官府也会接收，将其肉上供给宫廷或用于祭祀。羊在中原地区饲养量很少，羊肉更是珍贵，平民几乎是吃不到的。即使如猪、狗、鸡等，供奉之余也剩下不了多少，普通百姓家也只有在节日时才会宰杀。

秦朝的百姓日常想吃肉食时，只能去打猎，到郊外林中打个鸟雁，捉个兔子，尝点肉腥味。

到了汉代，饮食方面的显著变化发生在汉武帝及其后时期。汉代的饮食变化主要表现在蔬菜方面。

先秦时期，人们能食用的蔬菜种类极少，我们在前面也提到过，《诗经》中记载的百余种植物，能吃的仅有20余种，真正称得上蔬菜且比较容易获得的，仅仅只有5种。在寻常百姓家中，有时候用盐醋稍微调制几个嫩豆苗就算得上是“好菜”了。

汉朝建立后，随着统一局面的完全形成，对外交流开始变得繁荣。至汉武帝继位后，与西域的往来日益密切，由此在饮食方面打开了通往西域的大门。

公元前139年，汉武帝派张骞出使西域。从西域回来时，张骞带回了很多中原地区没有的物种，其中很多都是蔬菜和水果，如胡瓜、胡荽、胡萝卜、石榴、无花果、胡桃等，大大改善了中原地区蔬菜匮乏的情况。

东汉以后，芝麻油、胡麻油等各类植物油出现后，使蔬菜的烹饪发展到了新的高度，这时候，真正意义上的菜肴才开始显露出苗头。

总的来说，秦汉时期我国饮食文化的变化都是源于外部的冲击，其一是少数民族饮食文化的影响，其二是外国食材的汇入。它们所带来的影响在当时并不大，因此可称为“胡味”的初现。

四、美味大爆发的唐宋

若问一个现代人，如果能穿越到过去，最想去哪个朝代？十有八九回答的是唐朝，谁不想目睹世界大国的风采？谁不想见识一番那些文人骚客的真实面容？此外，还有一个更重要的原因，那就是体验一把古人的舌尖妙味。

经济繁荣、社会生活丰富的唐宋，堪称我国封建社会的顶峰。经由商周对烹调技法的开创，秦汉对于食材的汇集，魏晋南北朝饮食文化的交流融合，到唐宋时期，饮食发展进入了井喷式的爆发时期，诸多美食层出不穷，其中最明显的特征，就是主食的丰富化和各类小吃的盛行。

唐宋时期，人们的主食类型不再拘泥于粥、羹、蒸饭等米类饭食，有了更多以面粉为原料制作的食物，其中最常见的就是饼。

唐白居易《晚起闲行》诗："午斋何俭洁，饼与蔬而已。"说的正是午饭吃饼和蔬菜即可，可见在当时饼已经成为主食。

饼既是主食，也是人们日常的小吃，类型多样，如《东京梦华录》记载："凡饼店有油饼店，有胡饼店。若油饼店，即卖蒸饼、糖饼、装合、引盘之类。胡饼店则卖门油、菊花、宽焦、侧厚、油碢、髓饼、新样满麻。"

唐朝时长安有多家饼店，京师人大都也会自己制饼，如白居易就非常擅长制作胡麻饼。胡麻饼等饼类几乎成为风靡一时的国民小吃。

到了宋代，人们对于面食的喜爱一点也不亚于唐代，除了饼（馒头），面条也是非常重要的主食之一。当时的面条约有近百种，制作方法各异，口味也都独具特色。

尽管面食盛行，但并不意味着粥饭就退出了主食领域，相反它们也都变得愈发丰富多彩了。

如唐代时，粥有栗粥、乳粥、豆沙加糖粥等甜粥，还有杏酪粥、云母粥、胡麻粥、地黄粥、茶粥、葱粥等富有新意的咸粥。宋代时，饭有金饭、玉井饭、蓬饭等，以稻、麦为主料，加以水果、蔬菜或肉类相辅的五彩饭类。粥有七宝粥、腊八粥、糕粥等由五谷与多种辅料混合制成的粥类，据《圣济总录》记载，宋朝的粥方有 130

余种之多。

唐宋的主食即使用现代的眼光去看，也是极为丰富的。与此同时，人们还把心思和创意也毫无保留地发挥在研究小吃上。中国诗词以唐宋为巅峰，古代小吃也以唐宋为繁盛。我们今天喜欢逛的“小吃一条街”，在唐宋时期就已经存在了，而且其中陈列的美食，与现在相比也另有一番风味。

饆饠（bì luó），也作“毕罗”，是一种兴于唐代的面制点心。唐朝饮食的胡风色彩比较浓重，如《新唐书·舆服志》说：“贵人御馔，尽供胡食”，毕罗就是从波斯传入的，最初供贵族食用，后来逐渐传至民间。它的外形类似我们现在的烧卖，是一种带馅的面食，馅有水果的，也有肉类的，有“樱桃毕罗”“天花毕罗”等多个品种。

重阳糕，又称花糕、五色糕等，是一种节令食品。据《西京杂记》载，汉代时已有九月九吃蓬饵的习俗，饵，就是古代的糕。至唐宋，重阳吃糕之风大盛，于是重阳糕就逐渐成为一种市面上的小吃。当时，重阳糕的种类极多，有掺果实的，如栗子黄、石榴子、银杏、松子肉等；有用肉类装点的，如以猪羊肉、鸭子为丝簇饤。

古楼子，可以看作是一种改良版的胡麻饼，据《唐语林》记载：时豪家食次，起羊肉一斤，层布于巨胡饼，隔中以椒、豉，润以酥，入炉迫之，候肉半熟而食之，呼为“古楼子”。意思是，在一个特大的饼上铺一层羊肉馅，并在夹层中放入胡椒、豆豉，然后放入炉子中烤制，这种食物被称为古楼子。

冰雪冷元子，是北宋年间一种极受欢迎的夏季甜品，由炒熟的黄豆和砂糖或蜂蜜制成，售卖时会放进冰水里冰镇，吃起来冰冰凉凉的，在炎热之时食用最为舒适。

除此之外，唐宋时期的美食还有太白鸭、东坡肉等名菜，也有胡突鲙、蒸苄草獐皮索饼之类极具异域色彩的奇味。总之，唐宋饮食之丰盛、之美味，在古代各朝中名列前茅。

五、封建王朝最后的晚餐

明清两朝是中华饮食文化发展的鼎盛时期，一方面是因为食物食材种类繁多齐全，为烹饪提供了充足的原料；另一方面，经由历代发展，烹饪技艺和饮食理念已经趋于成熟，达到了前所未有的水平。

明清时期的饮食，继承了唐宋的食俗，又受到辽金的影响，汇入了满蒙的特点，不管是民间还是宫廷，饮食结构都发生了一定的变化。

从民间饮食来看，明清时期，平民餐桌上的食物是非常丰富的，既延续了唐宋时期的品种多样，又注重营养的搭配。主食仍以各类粥、面、饼为主；由于蔬菜的种植达到了较高水平，平民家庭在蔬菜上也有了多样选择；荤食如糟渍猪蹄、鸡肉、鸡蛋、鸭肉等都较为常见。清代吴敬梓《儒林外史》中的一些片段就描述了清代时山东、福建一带的饮食生活，其中不乏雪片糕、煮羊肉、火腿虾脍、大头菜、腌萝卜等食物，可见民间饮食之多样。

此外，因为受游牧民族饮食习俗的影响，民间也出现了一些独具草原特色的美食，如马奶酒、羊锅子等。与此同时，由于游牧民族敬畏猎狗，忌食狗肉，民间吃狗肉的氛围便愈发淡薄。

宫廷饮食作为一个时代饮食文化的核心，所展现出来的特征也是最具有代表性的。明清宫廷饮食总结并汲取了中华传统饮食文化的精华，融合并创新了民族饮食的特色，集古往今来、天南地北的美食于一体，令人叹为观止。

明朝初建时，由于连年征战，百废待兴，明太祖朱元璋以身作则，厉行节俭，在饮食上倡导清淡朴素。这种风气只持续到明宪宗成化年间，此后，明宫膳食日渐豪奢。

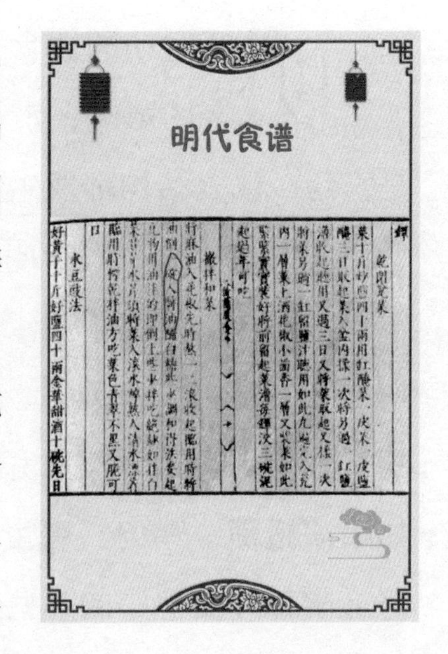

《明宫史·饮食好尚》中就记载明代皇室一年四季所用馔食的种类，如正月所吃蔬果有冬笋、山药、金针菜、鹿角菜、金

橘、蜜柑、软籽石榴、榛、核桃等，肉制品包括银鱼、冰虾、塞外黄鼠一类的奇珍异味；二月开始吃河豚，喝芦芽汤；三月有凉糕、烧笋鸡；四月食白煮肉，吃冰水酪；五月多食养生保健菜品，喝雄黄酒……十二月吃灌肠、炸铁脚雀加鸡子、酒糟蚶、糟蟹、腊八粥……

从这些文字记载不难看出，明朝宫廷饮食是极尽豪奢的，但这种豪奢不是单单以满足口腹之欲为目的，而是建立在养生保健的基础上的，非常注重膳饮搭配，营养均衡。

相比于明代，清代皇家饮食在健康至上、注重养生的基础上，有浓重的满蒙风情，非常注重食品名称，讲究饮食方法，满汉全席的出现就是最佳例证。

满汉全席并不是特定的一种筵席，而是清朝时宫廷盛宴的泛称，因集聚了宫廷菜肴和地方风味而凸显出满族和汉族菜的精华之处而得名。

最初，满汉全席只是指宫廷中满人和汉人坐在一起的全席，后来随着时间的推移，名目逐渐繁多，出现了如蒙古亲藩宴、廷臣宴、万寿宴、千叟宴、节令宴、九白宴等。

满汉全席究竟有多么奢华盛大呢？以千叟宴为例，千叟宴始于康熙，兴于乾隆，其规模之大堪称清宫盛宴之最。据史料记载，乾隆五十年，乾清宫举办过一次千叟宴，参与宴会的人数多达3000人。

满汉全席的菜品一般至少有108道，据记载，清中期时其菜品大约在110道，到了清末，已经多达200道。满汉全席选材广泛，制作精良，集各地之最，山珍海味无不包揽。

明清作为我国古代封建王朝的末端，却是饮食文化发展的又一高峰。这一时期，各民族特有的传统饮食得到了空前的交流和融合，饮食也真正成为一种文化。

第四章

菜品的类别划分：烹饪的风味流派

一、纯净清新的鲁菜

鲁菜是什么呢？乍看，大家一定有些茫然，但要说起油焖大虾、一品豆腐、木须肉、黄焖鸡块这些家常菜，肯定都不陌生。实际上，这些菜都是鲁菜中的经典菜品。

鲁菜即山东菜，因起源于齐鲁大地而得名，它具有加工精细、口味鲜淡、精于制汤等特点。

鲁菜的前身是药膳，其起源可追溯至距今3100多年的商朝晚期。所谓药膳，就是将药材和食物相配，利用一定的烹饪技法制成的美味食品，具有养生治病的作用。

相传，药膳是太公望，也就是我们常说的姜子牙创制的。

商朝末期的一天，姜太公带领一众人马赶往齐地营丘，傍晚时分在相距营丘不远的地方宿营。由于长途跋涉，士兵们又累又饿，精神萎靡，太公见状，就命人抓来几只鸡，然后用随身携带的草药和这几只鸡焖制了一道菜肴。士兵吃过这道菜后，不仅饥饿有所缓解，精神也好了起来。这就是著名的太公望红焖鸡，其色泽红亮，汤汁浓厚，既能饱腹，也有益于健康。

齐鲁是我国古代文明的发祥地之一。春秋战国时期，齐鲁大地物产丰富，经济发达，烹饪条件较为齐全，人们对烹饪之事也很重视，并深得太公望的烹饪精髓，善于将香料草药与食物相结合，制作出丰富多彩的菜品，这也为鲁菜的形成奠定了基础。

战国时期，鲁国都城曲阜和齐国都城临淄都是十分繁华的城市，饮食行业盛极一时，名厨辈出，鲁菜在这一时期得到了快速发展。此后，鲁菜又经过秦、汉、隋、唐、宋、金、元各代的发展创新，到明清时期到达顶峰，大量菜品被引进宫廷成为御膳，形成了稳定的流派，影响范围不断扩大。

鲁菜能成为北方菜系的代表，具备广泛而长久的影响力，并不是偶然。在漫长的历史发展中，它不仅将最初平和养生的特点完整保留下来，还吸收了不同时代的烹饪特色，不断地丰富菜品和升华技艺。

鲜，是鲁菜的灵魂。

鲁菜最突出、最注重的特点就是鲜，从选料开始，就要为口味的“鲜嫩”做准备。鲁菜所使用的原料一定要优良，调味时主张突出食材本身的鲜味，常用盐提鲜，用葱调味，用蒜去腥。

汤，是鲁菜的精华。

制汤和用汤是鲁菜大厨的拿手绝活。在鲁菜中，汤的类型有两种，即清汤和奶汤。顾名思义，清汤即汤色清亮，奶汤指的是汤因稠而呈现出奶白色，不管是清汤还是奶汤，都是以鸡、鸭、牛肉和猪肘子为主要原料，再经不同的火候和加工方法调制。汤的用法也有两种，一是调味，用汤调味，鲜味更浓；二是直接做菜，如清汤燕菜、奶汤白菜等。

鲁菜代表九转大肠

鲁菜讲究工序。

鲁菜中的很多菜品从选料到原材料处理，再到切配、烹制，各个步骤都很精细。以爆腰花为例，这道看似简单的菜品，要经过剥膜、去臊、剞刀（在食材表面划出深的刀口但又不切断）、氽烫、配料、爆炒、入味、勾芡等多道工序才能完成。

鲁菜注重火候。

火候对食材原料的质地有着很大的影响，因而对于注重食材鲜、嫩、脆的鲁菜来说，火候是极其重要的。什么菜用什么样的火，是文火慢烧，还是旺火速成，是缓火还是急火，都非常讲究。

鲁菜因地区不同也分化出了不同的风味，除了出现最早的药膳风味以外，还有齐鲁风味、胶东风味以及孔府风味。

鲁菜作为一大菜系既有其鲜明的总体特色，又有因山东幅员辽阔而分化的不同风格。学习鲁菜的相关知识，既能让我们从中体会食物的非凡魅力，也能对齐鲁大地的人文地理有所了解。

二、麻辣浓香的川菜

提起菜品中麻辣味的代表，大家脑海里可能会浮现“麻婆豆腐”，一块块光滑软嫩的豆腐，被一层似火的红色汁液包裹着，不待品尝就能感觉到直达喉咙的麻辣。

麻婆豆腐是川菜的经典菜品之一。川菜即四川菜，以浓香麻辣著称，但如果你以为它仅仅只有辣味，那就大错特错了。

川菜起源于商周时期的蜀国。从现在出土的文物来看，商周时期的蜀国人民已经能够制作出各种精巧的餐饮器具，拥有较为丰富的食材原料。

战国末期，秦占领巴蜀，将水患之乡改造为天府之国，使得当地物产更加丰富。在此居住的秦人沿袭故有的饮食习惯，再结合巴蜀的气候、风俗文化、传统饮食，发展出更为独特的饮食文化。

随着秦汉大一统的实现，蜀地的烹饪水平也在不断发展。西汉末期，川菜已初具雏形，并于唐宋时期获得极大发展，到明清时因辣椒的传入，进一步稳定了味型特色。

川菜是中国几大菜系中极具特色的菜系，也是最受大众喜欢的菜系之一，素有“一菜一格，百菜百味”的美誉。今天，无论是南方还是北方，一线城市还是三线城市，大街小巷中处处可见川菜馆。

为什么川菜会从四川走出，被全国人民所喜爱呢？这就不能不说一说川菜的特点了。川菜素以鲜、辣、咸、香著称，而这几个特点可以触动大多数人的味蕾。

以川菜比较具有代表性的鱼香肉丝和夫妻肺片为例。

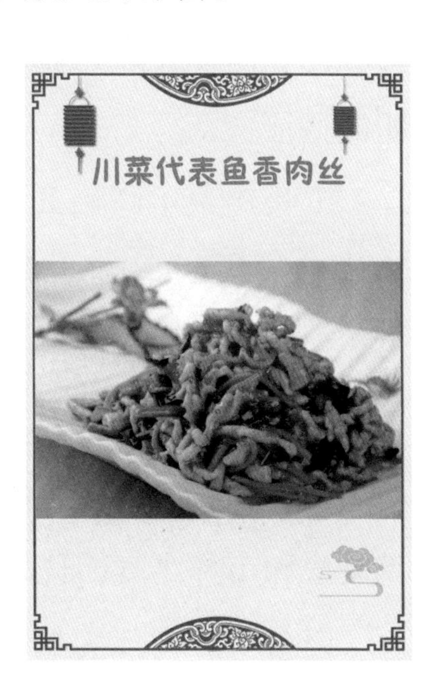

鱼香肉丝是民国时期一位川菜大厨所创。它以猪里脊肉为原料，以泡椒、子姜、大蒜、糖和醋来调制，兼具酸、甜、辣、香、鲜以及浓郁的蒜、葱、姜味，色泽鲜艳诱人，味道丰富可口，十分下饭，因而一经推出就

受到了人们的欢迎。

同鱼香肉丝一样，夫妻肺片也是川菜中知名度较高且深受群众喜爱的菜肴，它通常以卤制的牛头皮、牛心、牛舌、牛肚、牛肉为主要原料，切片后用辣椒油、花椒粉等制成的红油淋制，色泽美观，香辣并存，非常美味。

从这两道菜可以看出，以辣著称的川菜，其实并不只限于“辣”，而是有着多样的味型，如鱼香、糖醋、怪味、麻酱等，即使辣也有不同的分类，如酸辣、麻辣、椒辣、蒜香、红油、芥末等。

川菜本身也有着不同的派系。全国其他地方的人只知道川菜，但四川人却知道川菜也有地域之别，正宗川菜分为蓉派、渝派、盐帮派三大派系，且各个派系都有着其鲜明的特征。

汇集川菜中高档菜肴的蓉派菜系，以成都和乐山地区为核心，其口味相对清淡温和，讲求精细，传统菜品较多，代表菜有开水白菜、蒜泥白肉、香橙虫草鸭等。

同蓉派的精细截然不同，以重庆、南充、达州为核心的渝派，粗犷大方，不拘一格，在用料方面非常大胆，兼具豪放和市井之气，代表菜品有酸菜鱼、毛血旺等。

以自贡、内江为核心的盐帮派菜系，用料奇广，自成一格，具有大气、高端、怪异的特点，菜品多鲜辣刺激，翻新迅速，代表菜品有冷吃兔、风萝卜蹄花汤 、火鞭子牛肉等。

色泽艳丽、香气浓重、口味多样，川菜是色香味俱全，能受到全国各地人们的青睐也就不足为奇了。

三、选材奇广的粤菜

音乐人高晓松提到广州时曾说，全中国最喜欢的城市，让他选十回，依然是广州。因为广州的美食太多了，广州的人太会吃了，这里对于“吃货”来说，简直就是天堂，所以有“食在广州”的说法。

起源于广东、取百家之长、品类繁多的粤菜正是广州以及广东人民能吃、会吃的极致体现。

粤菜即广东菜，其起源可追溯至距今2000多年的西汉，此后经过长时间的发展，至南宋时期初具体系，宋明时期广州地区经济发展迅速，知名度大大提高，到晚清时期已渐成熟，形成了“帮口”。

粤菜为什么能够独树一帜？这与广东的地理环境、经济条件和风俗习惯密切相关。

广东地处亚热带，濒临南海，境内高山平原相依，江湖纵横交错，这样得天独厚的地理条件和气候条件使得其物产资源相当丰富，动植物类的食品资源数不胜数。

古时，岭南地区最初由越族先民居住，由于当地鱼蛇虫蛤种类繁多，唾手可得，越族先民常取之烹食，有时候甚至直接生吃，早在中原移民到来之前，就已经形成了喜好鲜活、生猛的饮食风格，西汉著作《淮南子》一书中就有“越人得蚺蛇以为上肴”的记载。

秦汉以来，中原汉人不断南迁。秦末，赵佗率兵兼并桂林、南海等地，建立南越国，大量汉人涌入岭南地区，不仅带来了中原的烹饪技术和器具，还将“食不厌精，脍不厌细”的饮食文化与当地饮食资源相结合，创新出多种佳肴。

赵佗自立为南越王后，利用岭南的气候、交通、物产等优势建立了政治、经济、文化交流中心，进一步促进了当地饮食文化的发展。此后，广东地区的饮食在继承中原饮食文化的传统之上，又吸收了外来及各方面的烹饪精华，并结合本地的口味、喜好，不断积累、创新，形成了菜式繁多、烹调考究、质优味美的饮食特色。

进入近代，外国文化涌入。以食为先的广东，吸收国外饮食文化的精华，对粤菜进一步发展和创新。

在这样丰富的历史积淀和复杂的文化交融下，粤菜自然能够独树一帜，成为国内最具代表性和最有世界影响力的饮食文化之一。

从粤菜的发展来看，它似乎是一个“大杂烩”，吸收融合了太多外来的烹饪文化。但事实上，粤菜的融合并不是生搬硬套，不论如何变化，它始终坚守着自身清鲜常新、原料广博的特色，在满足本土民众口味的基础上触类旁通，融会贯通。

比如，粤菜将北方烹饪技艺中的“爆法”演进为“油泡法”；将国外调汁的做法改进为有广东特色的酱汁调味法；将西餐的焗法、吉列炸法和猪扒、牛扒，改造为符合本土风味的烹调方法和菜品，这种既保留了原本的地方特色，又采集了众家之长的方式，使得粤菜形成了自己的特色。

当然，同其他菜系一样，粤菜在广东也有不同的派系，其主要分为广府菜、潮州菜和客家菜，三者之中，又以广府菜为首。

广府菜也就是广州菜，所属地区为珠江三角洲和韶关、湛江等地。作为粤菜的代表，广府菜的特点是最契合粤菜的整体风格，其选料精细而广泛，烹调技法极多，十分讲究火候，做出的

食物往往嫩而不生，鲜而不俗，油而不腻，我们所熟悉的白斩鸡、鱼头豆腐汤、菠萝咕咾肉就是其中的经典菜肴。

潮州菜也称潮汕菜，发源于广东潮汕地区。由于人文和地理环境的原因，潮汕地区的饮食习惯更接近闽南，但又受到广州菜的影响，后逐渐汇集两地的风味，自成一派。潮州菜非常注重外观的精美，以烹制海鲜见长，常用沙茶酱、红醋等特色调味品，其中的名菜有甲子鱼丸、豆角肉松、潮式“打冷”等。

客家菜又叫东江菜，主要流行于梅州、惠州、河源、深圳等地。实际上，严格来说，东江菜只是客家菜的一个支流。客家人本就是中原人，南迁至岭南后，饮食也在很大程度上保留着中原的饮食习惯，因而有着浓重的中原风味的东江菜无疑就是客家人的代表性饮食。东江菜在选料方面较为局限，多用家禽肉类，极少用水产，味重香浓，最擅砂锅菜，代表菜品有梅菜扣肉、盐焗鸡、牛肉丸等。

以奇特广泛的原材料为底，加以丰富多变的调味品以及来自全国各地乃至海外的各种烹饪技法而制成的粤菜，真可谓海纳百川、包罗万象。通过对粤菜知识的学习，我们不仅能感受到文化碰撞的奇妙，还可以体会到其中的创新精神。

四、清淡爽口的苏菜

“西塞山前白鹭飞，桃花流水鳜鱼肥”，我们在读这句诗的时候，可能会对肥美的鳜鱼产生兴趣。

鳜鱼刺少肉多，肉质鲜嫩，且含有丰富的营养物质，是最受人们喜爱的淡水鱼类之一。苏菜中，有一道以鳜鱼为主材料的菜——糖醋鳜鱼，其色美味鲜，完美展现了苏菜善治鱼肴、清鲜雅致的特点。

苏菜即江苏菜的简称，以烹饪江河湖海水鲜见长，在鱼馔烹饪上久负盛名，这是源于其独特的地理环境。

江苏省位于中国东部沿海、长江下游，自古以来就有“鱼米之乡”的美称，这里物产富饶，盛产鱼类。早在2000多年前，生活在此地的吴人就擅长制作鱼馔，对烤鱼、蒸鱼、调制鱼片颇有心得。

由于有丰富的水产资源，古代许多喜好烹饪鱼菜、品用鱼菜的厨师、美食家都云集于此，极大地推动了苏菜尤其是鱼类菜肴的发展。

春秋时期，齐国著名大厨易牙曾在徐州传艺，他将羊肉放入鱼腹合烹为馔，使得两种食材本身的鲜味得以充分发挥，成为“鲜”字之本。

此后，江苏地区的人们对鱼肉的鲜美有了更深的认识，在鱼类烹饪上开始了更为深入的研究，由此创造出了许多名菜佳肴。

春秋末期，刺客专诸为刺杀吴王僚，专门去太湖向太和公学习了“全鱼炙”，其中有一道菜就是现在苏州松鹤楼的“松鼠鳜鱼”。西汉时期，汉武帝为征服南部蛮夷之地，曾率兵至海边，在那里，汉武帝品尝到了当地渔民所制的鱼肠，觉得滋味甚美。

事实上，江苏与名厨美食的渊源还有很多，也正因为如此，苏菜才得以具备成为八大菜系之一的基础，并在鱼馔之外又发展出了更多品种和口味的菜肴。

追溯苏菜的形成，其大约在南北朝时初露头角。到唐朝时，因为国力强盛，经济繁荣，饮食业获得快速的发展，苏菜成为“南食”的两大代表之一。宋代以来，由于大批中原人南下，带来了中原地区的风味影响，苏菜的口味由咸转向甜。金元之后，受到了清真菜的影响，发展出了更多的品种和口味。明清时期，苏菜在与其他地方菜系不断交融的过程中趋于成熟，因风格雅丽、形质均美的特点而受到人们的青睐，并开始在全国范围内流行，还得以跻身于宫廷御膳之列。

如今的苏菜，用料广泛，刀工精细，烹调方法多样，注重保持菜的原汁，味道清鲜适口，咸中稍甜，在国内外享有盛誉。

苏菜虽为江苏地区的风味菜，但也有风味划分，主要有淮扬菜、金陵菜、苏南菜、徐海菜等。

淮扬菜，以扬州、淮安风味为代表，流行于镇江至淮河一带。淮扬菜讲究原料的鲜活，注重突出主料本味，技法以炖、焖、烧、烤为主，并精于雕刻造型，因此成菜外形美观，口味清新，著名菜肴有清炖蟹粉狮子头、水晶肴肉、溜子鸡等。

金陵菜，以南京菜为主，流行于南京至江西九江之间，是苏菜几大地方风味中起源最早的，始于先秦时期。金陵菜的特点是口味和醇，特别讲究七滋七味，以善制鸭馔而出名，代表菜有金陵烤鸭、盐水鸭、炖菜核、松子肉等。

苏南菜，主要指流行于苏州、无锡、常州和上海地区的苏州菜，其口味咸甜适中，口感酥软，擅长炖、焖、煨、焐，名菜有松鼠鳜鱼、碧螺虾仁、叫花童鸡、鸡油菜心等。

徐海菜以徐州菜为代表，主要流行于徐海和河南地区，在选材上注重滋补，营养均衡，多用大蟹和狗肉，菜品色调较为浓重，味道偏咸，代表菜品有霸王别姬、沛公狗肉、彭城鱼丸等。

苏菜配色和谐，造型绚丽多彩，味道浓而不腻、淡而不薄，可谓形、味兼备，其精湛的刀工刀法和烹调技巧在中华烹饪中堪称一绝。

五、鲜香豪奢的闽菜

很多人都爱吃“佛跳墙”，它味美至极，芳香四溢，是闽菜中山珍海味的代表。有人曾吟诗赞道：“坛启荤香飘四邻，佛闻弃禅跳墙来。”

闽是福建省的简称，闽菜即可以理解为具有福建烹饪特色的菜肴。闽菜最早起源于福建福州闽县，因而也被称为福州菜，是在中原汉族和当地古越族饮食文化融合、交流的基础上逐渐形成的。

古代闽地的古越族在长期的生活生产实践中，逐渐形成了具有自身特色的文化体系，饮食文化就是其中的一部分。

西晋永嘉之乱后，大批中原人士迁入闽地，带来了中原的先进科技文化，与闽地古越文化融合和交流，促进了当地的发展。越族的饮食文化也在这一过程中受到了影响，融合了中原饮食的部分特点。

晚唐五代，随着河南王审知兄弟带兵入闽建立“闽国”，闽地的经济发展、物产以及与中原文化的交流等都达到了新的高度，这对闽地饮食文化的发展、繁荣产生了积极的促进作用。

五代陶谷的《清异录》中记载：“指盘筵曰：今日座中，南之蝤蛑，北之红羊，东之虾鱼，西之果菜，无不毕备，可谓富有小四海矣。”描述的正是当时福建地区丰富的物产资源。

唐代徐坚曾在《初学记》中写道：“瓜州红曲，参糅相拌，软滑膏润，入口流散。”说的是，中原移民将一种红曲带入了福建地区，渐渐地，这种红曲就成为闽菜烹饪美学中的主要色调。仅仅一种颜色就能让闽地的饮食发生这样的改变，可见中原文化对福建地区的影响之大。

当然，闽地的烹饪方式并没有完全中原化，它仍旧保留着自己本身的特色，且随着厦门、福州等地商业逐渐繁荣，各地商贾在此集聚，多方文化在此交汇，更多的外来技艺得以传入。

这样的背景下，闽菜在继承传统技艺的基础上，博采各路菜肴之精华，对粗糙、滑腻的风格加以调整变易，逐渐朝着精细、清淡、典雅的风格演变。至清末民初，闽菜发展成为格调甚高、完整而统一的地方菜体系，并凸显出三大特色：长于红糟调味，精于制汤，擅于使用糖醋。

闽菜也有着不同的风味流派，主要分为福州菜、闽南菜、闽西菜三大流派。

福州菜既是闽菜的底色也是主流，擅长各类山珍海味，口味上最突出的特点就是鲜、淡，讲究以汤提鲜，味道要淡。汤在福州菜中有着举足轻重的作用，调汤是闽菜大厨必备的技能，带有特殊香味的红色酒糟是制汤时常用的作料。福州菜的代表菜品有茸汤广肚、煎糟鳗鱼、鸡丝燕窝等。

闽南菜流行于厦门、晋江、尤溪地区，非常重视作料的使用，常搭配各个类型的调味品进行烹饪，如药物、水果、果汁、芥末等。闽南菜的特点是香醇鲜嫩，带有一种因作料搭配新奇得当而散发的异香，葱烧蹄筋、炒沙茶牛肉、当归牛腩是其代表菜品。

闽西菜流行于长汀、宁化一带，却并没有顺应闽菜重清淡的主流风格，反而偏重咸辣，善用香辣作料。闽西菜的口味相对浓郁，特显山区风味，如爆炒地猴、油焖石鳞、涮九品等都是其代表菜品。

闽菜的烹饪技艺，既继承了中原烹饪技艺的优良传统，又具有浓厚的南国地方特色，并能不断转换花样，常吃常新，因而让人百尝不厌。

六、小巧玲珑的浙菜

古谚曰："上有天堂，下有苏杭。"素有"人间天堂"之称的苏杭，美景遍布，美食琳琅，自古以来就极负盛名，凡是到过那里的人们都会流连忘返。

苏杭的美食，清新雅丽，小巧玲珑，与美景相得益彰，更是浙江风味饮食的代表。

浙菜，即浙江菜，以精致细腻的外观、清新淡雅的口味、丰富独到的烹调技法而闻名，是中国传统八大菜系之一。

浙江菜能闻名遐迩，获得广泛推崇，与浙江省的地理环境、气候条件、风俗习惯等有着密不可分的联系。

浙江省位于东海之滨，境内水网密布，丘陵起伏，植被繁茂，渔场众多，水产资源丰富，山珍野味不计其数，尤其盛产海味，如黄鱼、石斑鱼、锦绣龙虾及蛎、蛤、蟹等。这样丰富的物产为浙江饮食提供了多样的原材料，也为其口味拓宽提供了多种可能性。

浙菜作为传统菜系，有着相当长的历史，其萌芽可远溯至春秋时期，《史记·货殖列传》中就有“楚越之地，地广人稀，饭稻羹鱼”的记载，浙江即当时的吴越一带。

春秋末年，越国定都会稽，统治者利用优越的地理环境和资源，大力发展农业、商业和手工业，使得当地的物质基础更加坚实，为饮食的发展提供了有利条件。

南北朝以后，江南地区几百年来较为和平，随着京杭大运河的开通和部分沿海地区海运业的发展，对外贸易往来愈加频繁，经济的发达为烹饪事业的崛起提供了强大的推动力。这一时期，江南地区的宫廷菜肴获得了极大发展，民间餐饮烹饪技艺也有所提升。

南宋将都城定在杭州，一时间，大批名厨汇集天子脚下，创制了众多的江南名菜，如菜蟹酿橙、鳖蒸羊、东坡脯、南炒鳝、群仙羹、两色腰子等，它们至今仍是高档筵席上不可或缺的菜肴。此后，浙江菜系逐渐跻身全

国菜系之列，形成了明确而独特的风格特征。

江南人素来喜食清淡鲜嫩的饮食，因此浙菜烹饪时极其重视原料的鲜活、口感的嫩滑以及食材的本味凸显，讲究品种、部位和季节时令，尤其是在水产品的烹饪上，这几点最为重要。

以诞生于南宋、至今仍有着广泛知名度的杭州名菜“宋嫂鱼羹”为例。

宋嫂鱼羹的主要原料为鳜鱼，所用鳜鱼要满足“细、特、鲜、嫩”四个特点。细，即精细，指的是要选用原材料的精华部位；特，即特产，所用食材以特产为首要选择；鲜，即鲜活，果蔬要时鲜，海味河鲜要现杀现用；嫩，即柔嫩，选用新嫩的材料，避免口感老硬。如此，才能保证菜品的品质高雅，口味纯正，口感嫩脆，并突出地方特色。

烹制宋嫂鱼羹时先选好鱼肉，将鱼肉和鱼骨分离后，切成大片，用清水洗去杂质，加以葱姜、精盐、绍酒，上笼蒸制，而后将蒸好的鱼肉连同原卤汁一同放进以葱煸香的砂锅沸汤中烧制。

浙菜在烹制鱼时，最常用的处理方式就是过水，浙菜中绝大多数鱼菜都是以水为传热介质烹制而成，如西湖醋鱼，系活鱼现杀，经沸水汆熟，不加油腥。

浙菜要突出原料的本味，并非完全不进行调味处理，很多食材虽鲜美但也有杂味，因此熟处理后，还需要用葱、姜、醋等调味，以达到去腥、膻，增香的功效，实现去除原料的不良之味，凸显本味。

浙菜的口味虽有整体的风格，但其内部也有不同的风味流派，其主要包括杭州菜、宁波菜、绍兴菜和温州菜。

杭州菜制作精细，讲究刀工，品类繁多，口味清鲜，菜品命名上喜欢借助风景名胜，代表菜品有东坡肉、龙井虾仁、西湖药菜汤等。

宁波菜口味稍重，鲜咸合一，擅长烹制海鲜，以蒸、烤、炖为主，代表菜有奉化摇蚶、苔菜拖黄鱼等。

绍兴菜以烹制河鲜家禽见长，汤汁香浓，口感软糯酥脆，富有乡村风味，干菜焖肉、白鲞扣鸡等都是其代表菜品。

温州位于浙江南部沿海地区，由于地理等各方面原因，形成了极具自身特色的文化体系，饮食方面也自成一体。温州菜讲究“二轻一重”，即轻油、轻芡、重刀工，讲求清淡且淡而不薄，代表名菜有三丝敲鱼、橘络鱼脑、爆墨鱼花等。

与江浙的秀丽风景一样，浙菜小巧雅致，佳肴自美，既有着专属于江南的柔情，也有着历史的厚重。

七、油重色浓的湘菜

“才饮长沙水，又食武昌鱼”出自《水调歌头·游泳》，是毛泽东于1956年畅游长江后所作。

那年毛泽东览过长江的风光后，胃口大开，将随船携带的一尾鳊鱼（即武昌鱼）就地调制，吃了个尽兴。身为湖南人的毛泽东，对家乡的美食有着非一般的喜爱，毛家红烧肉、胖头鱼、东安子鸡等一众湘菜都是他无法割舍的家乡味道。

湘菜是潇湘风味的代表。湘菜作为中国八大菜系之一，有着悠久的历史和丰富的内涵。

早在3000多年前，湖南境内的楚人和越人在饮食方面就已经非常讲究，尤其当时的贵族，对于菜肴的品种、口味、外观等都有着很高的要求。

如战国时期，我国伟大的浪漫主义诗人屈原就在其名篇《楚辞》中记载了当时湖南地区祭祀活动中所使用的多种菜肴、酒水和小吃，有楚式奶酪、小猪肉酱、狗肉干、烤乌鸦、蒸野鸡、煎鲫鱼、黄雀羹等菜肴，囊括了大米、小米、黄粱及野生水禽类野鸭、大雁、天鹅和甲鱼、乌龟等多种食材。可以说，湖南地区的饮食特色在此时就已经有所显现。

经过百余年的发展，到了汉代，湖南菜的地方风格已经非常突出，且逐步形成了较为完整的体系。从长沙马王堆西汉墓出土的《竹简·食单》的记载可以看出，西汉时期，湖南特色的精肴美馔已有近百种，原料较战国时期更加丰富，烹调方法有了进一步的发展，更加多样。

唐宋时期，湘菜浓、香的风格基本确立，与此同时在菜品上也有了一定的创新。明清时期，湖南饮食文化的发展更趋完善，且因为辣椒的传入，逐渐具备了“辣”的特征，进而形成了具有鲜明特色的菜系。

湖南地区气候温湿，而辣可以提神祛湿，辣椒的传入完美契合了湖南地区人民在饮食方面的需求和喜好。此后，味辣渐渐成了湘菜的特色。湘菜的辣，讲究颇多，类型多样，有酸辣、麻辣、糊辣、油辣、鲜辣、苦辣等，与同样注重研制辣味的川菜不同，湘菜的辣极少用糖调味。

虽然辣味众多，湘菜最侧重的还是酸辣，用酸泡菜作调料，佐以辣椒烹制出来的菜肴，既爽口开胃，又能祛湿，深受当地人的喜爱。湖南人嗜苦，这一点在湘菜中也有体现，其他菜系中不常见的苦味在湘菜中却频频出现。湖南人爱吃苦味的喜好古来有之，其渊源可追溯至先秦时期，在《楚辞·招魂》中就有“大苦醎酸，辛甘行些”的诗句，这里的“大苦”指的是豆豉，其他如苦瓜、苦荞麦等带有苦味的食物，也都深受湖南人的喜欢。

湘菜取材非常广泛，这从战国时期的菜肴品类就可见一斑，由此也造就了其种类繁多和口味的丰富多变。当然，湘菜所用选材虽多，但并不是一味乱用，而是非常注重彼此之间的相互搭配，讲究滋味相互渗透，特性相互补充。

湘菜代表剁椒鱼头

在烹调技法上，湘菜以煨、炖、腊、蒸、炒等技法见长，其中爆炒是湖南人做菜的拿手技法。爆炒猪肝、辣椒炒肉、爆炒羊肉……湘菜中以爆炒方式制作的菜品非常多。

湘菜内部细分为三个分支，分别为湘江流域菜系、洞庭湖区菜系和湘西山区菜系。

湘江流域菜系的范围以长沙、衡阳、湘潭为中心，是湘菜中的主流，菜品油重色浓，口感软嫩，味道多偏酸辣，其中被人们熟知的有海参盆蒸、麻辣仔鸡、腊味合蒸等。

洞庭湖区菜系以烹制河鲜家禽见长，对于家畜肉食的处理有独到之处，菜品口味偏重，油厚而咸辣。这一地区菜品的烹调方式多为炖、烧、蒸、腊，其中以炖菜最具特色，名菜有洞庭金龟、蝴蝶飘海、冰糖湘莲等。

湘西山区菜系富于山乡风味，以山珍野味的烹制见长，口味侧重咸香酸辣，代表菜有红烧寒菌、湘西酸肉等。此外，湘西山区的人们还特别擅长制作各种腊肉，这也是地方菜系中的一大特色。

以“苦”寻香，以辣驱寒，湘菜承载着湖南人民对于饮食的诉求，伴随着时代的前进和国家经济的强大，将会有更好的发展。

八、鲜美朴实的徽菜

中华传统饮食中，有一道名为“中和汤”的菜品，相传已有700多年历史，此汤以豆腐、虾米为主料，辅以鲜笋、香菇、瘦肉火腿心，看似平淡无奇，单调寡然，实际上清澈味香、鲜嫩不腻。

这道中和汤正是徽菜的代表，是祁门人置办酒席时的必备菜品。

徽菜，相较于其他各大菜系，历史较短，大约在南宋时初现，至明清时成型。

徽菜原是徽州山区的地方风味，主要流行于徽州境内。明清时期，伴随着徽商的崛起，逐渐进入市肆，并在其他地方流传开来。

徽菜的形成，与古徽州的人文地理、饮食习俗有着密切的关系。徽州位于钱塘江上游，素有“黄山南大门”之称，四季分明、雨热同期的气候，沟壑纵横、山林密布的地理风貌，使得徽州有着丰富的物产资源，为徽菜提供了取之不尽、用之不竭的膳食原料。徽州素来重视礼仪，其名目繁多、规模不一的民俗活动、节令活动也在一定程度上促进了徽菜风味的形成。

徽菜的迅速发展，在很大程度上得益于徽州商帮的发迹。

明清时期，商品经济发展迅速，徽商随着东南城镇经济的发展繁荣而不断壮大，进而遍布全国各地。

谈生意少不了要聚会应酬，对家乡风味情有独钟的徽州商人，在宴请好友或合作伙伴时，总会摆上几道家乡菜肴。因为徽菜特色鲜明，独具一格，能让人“过嘴不忘”，由此渐渐流传开来。

随着徽州商帮越来越兴旺，越来越多的徽州商人开始走向更远更多的地方，徽州菜也因此被带到全国各地。与此同时，为抓住徽商饮食的这一大需求，越来越多的徽州餐馆开始兴起。到了徽商独霸中国商业的时期，徽菜的发展也达到了鼎盛时期。那时，徽菜大厨遍布天下，徽菜也得以与其他菜系交流融合，并在此过程中吸收了各菜系的烹饪所长。

在选材上，徽菜注重就地取材，一定要保证食材的鲜活，尤其是在烹饪河鲜家禽时，通常都是现杀现用，以保证菜品的鲜香。

在烹调上，徽菜擅长烧、炖、蒸，少爆、炒，喜用火腿佐味，以冰糖提鲜，讲究火功，会根据原料的质地特点以及对成品菜的要求，使用不同的火候。

在口味和外观上，徽菜的特点是芡大油重，色泽浓艳，集酥、嫩、香、咸、鲜为一体，也讲究一定的造型。徽菜中的红烧，正是对这些特点的完美体现。首先，红烧对火功要求极为苛刻，是炭火的温炖、柴火的急烧还是树块的缓烧都有讲究；其次，红烧的“红”正是重油重色的体现，而红烧而成的菜品，往往具备酥软鲜嫩的特点，吃起来满口留香。

徽菜代表霉豆腐

徽菜还有一大特点是注重食补，以食养身，这从其常用的原料上和代表性的菜品上就能体现出来。竹笋、木耳、板栗、石鸡、甲鱼等都是有益健康的好食材，火腿炖甲鱼、凤炖牡丹、清蒸鹰龟、青螺炖鸭、中和汤都是滋补养身的名菜佳肴。

徽菜虽然起源较晚，但是却发展迅速，它以鲜明的风格和独特的魅力纵横南北，有着与其他菜系相比毫不逊色的影响力。

第五章

让食物更美味的魔法：烹饪的技法工艺

一、煮：食物本真的味道

在我国百余种烹调技法中，“煮”看起来最为单调，但实际上却是用途最为广泛，它和中国人的生活联系最为密切。

有人说，中华文化烩于一“鼎”，这里的鼎，指的就是最早的锅。

陶器是我们祖先真正发明出来的一种东西。而在诸多陶器中，鼎状陶器是最早的炊具之一。河北徐水南头庄曾出土过一个距今一万多年的陶鼎，底上就带有烟炱（烟气凝积成的黑灰），这意味着一万多年前，我们的祖先就已经开始用鼎加热食物了。这种用鼎加热食物的方式

就是煮。事实上在鼎出现以前，先民对“煮”这种方式就已经有心得了。他们在地上挖一个坑，坑底铺上兽皮或树叶，然后将食物放进去再加入水，把烧红的石头一块块扔进去，利用石头的热量使水变热，进而把食物煮熟。

用火把食物弄熟却又不直接烧它，而是先烧水，这在当时是一个极其前卫的方法，所以说，“煮”真称得上古人的一项伟大发明。此后先民们根据经验造出了鼎。有了鼎，煮就变得更加简单了。

我们中国人最初的饮食结构就是主副食搭配，而用以“下饭”的“羹”，即最早烹调而成的菜，就是用煮的方式制成的。

再往后发展，煮的用途就更加广泛了，煮饭做粥用它，制汤吊汤也要用它；大部分冷菜制作离不开它，一些热菜制作也要用到它；许多原料半成品加工离不开它，就是“酱”“卤”制品，实际上也是煮出来的。

从操作上看，煮并不复杂，因而才能被普遍使用。但是，想要煮好，煮出好吃的东西，却并不简单。在原料选择和刀工上，在煮的过程中火候的掌握上，在调味品的配合上都有很多学问，没有一定功底的厨师，是做不好的。

煮，这样一个看似简单的烹饪技法，却包含着很多有趣的内容，陪伴着中国人走过了漫长的岁月，直到今日，它依然在我们的生活中占据着重要的地位。

二、烤：传承千年的烧烤技艺

对于中国人尤其是北方人来说，一到夏天，就喜欢去吃烧烤。大街小巷，随处可见喝着啤酒、撸着串、谈笑风生的人。

实际上，不光现代人爱吃烧烤，古人也难以抵挡烧烤的诱惑！

提到烧烤，人们往往会以为它起源于北方的游牧民族，一是因为北方人对烧烤的特殊偏爱，二是因为北方多草原，牛羊很多，它们都适合烧烤。

其实不然，烧烤可以说是最古老的一种烹饪方式了，出现的时间甚至比煮还要更早一些。严格来说，“烧”和“烤”是两种不同的加热方式，“烧”是将食材直接置于火焰之中；“烤”是利用发热源产生的热空气来加热食物，也就是将食物架在火焰之上。由于火焰中的温度要高于热空气，所以“烧”容易将食物烧焦。

上古时期，先民们从被雷火等自然火烧焦的动物肉中得到启发，开始将打猎获得的肉类放进火中烧，后来又探索出了“烤”的方式，将两者结合使用。可以说，在鼎、鬲、甑等炊具出现之前，人们的热食主要就是通过烧烤来获得的。

进入奴隶社会后，生产力水平得到了提高，烧烤的技法也开始升级。例如在商周时期，从烧烤就衍生出了“燔”“炙”“炮”三种不同的烤法。

“燔”在三者之中最接近古法的烧，《礼记》中记载，“加于火上曰燔”，这句话的意思是直接放在火焰上烧为燔；“炙”，根据其字形，就能判断出其含义，上半部分是肉，下半部分是火，即把肉置于火上烤；“炮”比前两者要复杂一些，是指把食材用泥等东西裹起来，放在火中烧，后代叫花鸡的做法大概就是来源于此。

这种创新改良一旦开始，就不会结束，烧烤技法从此踏上了不断丰富、不断精良的征途。到了魏晋南北朝时，人们已经开始在烧烤的调料上大做文章了，

这时的烧烤不仅用料、式样更加考究，而且调料的配方也有了极大改进。隋朝时，人们又在烧烤的用火上进行了探究，如《隋书·王劭传》中说："温酒及炙肉，用石炭、柴火、竹火、草火、麻荄火，气味各不同。"可见当时烧烤用火的讲究。

烤法多了，调料也够味了，再加上食材种类也丰富了，可烧烤的美味自然也就更多了，猪羊、鸡鸭、鳗鱼、蛤蜊、驼峰、虾蚌等，都被架在了火上，烧烤也成了平常百姓喜欢的饮食。

北宋吕希哲《岁时杂记》中记载："京人十月朔沃酒，及炙脔肉于炉中，围坐饮啖，谓之暖炉。"描述的是宋代人举办暖炉会的场景。暖炉会，通俗地说，就是围着火炉吃吃喝喝，而烤肉是主要的食物之一，可见烧烤在宋代时已经和人们的生活有着非常密切的联系了。

明清时期的烧烤，多为"挂烤"，依靠热力的反射作用将食物烤熟，效率更高，挂炉鸭、挂炉猪等都是用的这种烤法。

如今，我们生活中的各类"烧烤"，也都有古代各种烤法的影子。满载着古人智慧的烧烤技艺，流传千年，至今不衰。

三、蒸：水汽的妙用

蒸，是中华烹饪中的又一常见技法，应用也很广泛。它不仅是很多菜品烹饪过程中的一道重要工序，如清蒸鱼、蒸菜等，也是制作大多数主食时不可或缺的一种方法，如馒头、包子、米饭等。

三国谯周《古史考》中记载："黄帝作釜甑……黄帝始蒸谷为饭，烹谷为粥。"这里提到的"釜甑"是早期人们使用的炊具之一，那么，釜甑具体是做什么用的呢？

原本，陶鼎自被发明后，就一直承担着煮饭的重任，但是鼎只能做稀饭。人们对鼎进行改进，发明出了"鬲"，鬲可以将稀粥熬成"饘"，即更黏稠的粥。

从粥到饘，水量大大减少，再减水谷物难免焦煳。于是古人另辟蹊径，让谷物直接从水中脱离，来避免这个问题，“甑”就应运而生了。其实说白了，甑就是一种改进版的鬲，那么它究竟在什么地方有改良呢？

陶甑上大下小，底部带孔，相比于鬲，多了两个部件，一是箅子，二是盖子，两者各有用途，但盖子的作用要大得多，甚至对于中国人的饮食文化都有着深远的影响。

没有盖子的鼎，烧水时热气散发，水温升高得较慢，而加了盖子后，锅内的气压变大，热量集中，水汽上升，这样箅子上的谷物脱离了水也能熟。

“蒸”是既利用水，又要脱离水。蒸最早的象形字，就是由上面一个米，中间一个碗状的容器，下面一个架子组合而成，表达的也正是蒸的过程。

巧妙地远离了水和火，却又完成了能量的转换，“蒸”对水和火的利用达到了一个极高的境界。因而，“蒸”自从出现之后，就成为一种很重要的烹饪方式，且被广泛使用。

“蒸”可以让谷物的口感变得松、暄、软、润。小麦转换成面粉后，馒头、蒸饼、糕点等一

类的面食，也是依靠“蒸”才能实现；由于蒸既能最大限度地保留食材原形态，也可以直接将其变化成一个新的形态，并在此基础上使得食物的口感更佳，所以很多菜品也都需要用蒸的方式塑造外观，改善味道；酒、醋、酱油等饮料和调味品的制作，先要发酵原粮，然后再经过蒸制。

此外，随着时代的发展，蒸也细分出了不同的方法，如清蒸、酒蒸、醋蒸等，不同的蒸制方法对食物的色、香、味、形、质都有明显的影响。在诸多蒸法中，清蒸在制作菜品时最为常见，它又可以分为“包蒸”“干蒸”“煎蒸”等类别。

如今，“蒸”在我们生活中依然被普遍使用，不仅在饮食方面，在其他领域也有应用，比如放松身体的“汗蒸”，用以治病的“药蒸”。当然了，不管是饮食的“蒸”，还是其他类别的“蒸”，都是对水蒸气的妙用。

四、炒：火与油的共舞

不同于蒸煮在原料加工以及主食上的广泛应用，也不同于烧烤对于肉类的情有独钟，“炒”则适用于各种食材，它是应用范围极广、分支较多的烹饪技法。

相比于在远古时代就已经诞生的烧烤和起源于仰韶文化时期的蒸煮，“炒”的确属于晚辈。

“炒”因油而起，而油脂的使用，最早可追溯至商周时期，在著名的周八珍中就已经出现了使用油脂。因而，关于炒的起源，就出现了“商周之说”。

事实上，商周时期，油脂虽然出现了，但当时所用的油脂基本上都是动物油，既贵用起来又麻烦，因此只有宫廷才用得上。并且，与“炒”相关的最重要的东西，除了“油”，还有锅，考虑到炒所需的热量，应该用铁锅。而导热性能最好的铁锅出现在西汉至魏晋时期，这一时期冶铁技术逐渐成熟，铁质的锅釜和刀具开始广泛使用，且芝麻油、胡麻油等植物油也开始用于烹饪。因此，“炒”的起源又多了“汉代说”和“魏晋说”。

“炒”究竟出现在何时，目前还没有确切的说法，能够肯定的是北魏时已经有了炒，当时的《齐民要术》中已有“炒令其熟”的记载。

宋朝之后，植物油在烹饪中已被广泛使用，并且这一时期，铁质的炒锅也已经很常见，所以在宋代，炒已经是一种比较常见的烹饪方式了。也是从这时起，“炒”这个后辈，开始了它的飞速发展。

饮食著作《中馈录》记载的炒白腰子、炒白虾、炒兔、炒面等食物以及总结出的假炒、生炒、南炒、爆炒等技法，表明在宋元时期，炒已经获得了相当大的发展。

明清以后，“炒”又有了酱炒、葱炒、烹炒、嫩炒等方式，清代袁枚《随园食单》中所列的326道菜，大约有四分之一是与“炒”有关的，他在书中还详解了各种炒法的基本原理。另一本饮食著作《调鼎集》中介绍的1500多种菜品，其中大多数都是炒菜。可见，“炒”在烹饪中的重要地位。

“炒”为什么会如此快速得到人们的钟爱呢？原因是，以油为介质的“炒”，与将水或蒸汽作为介质的

“煮”“蒸”等烹饪技法相比，有着明显的区别。相比于水和蒸汽，油能达到的温度更高，可以使食材快速变熟，因而相比于“蒸”“煮”的软、松，炒出的食物更脆嫩筋道；水无色无味，而油则富含香味物质，经火加热后会散发出浓烈的香味，所以炒出来的食物要更鲜香；此外，蒸煮不会使食材的水分含量减少太多，而炒则可以通过高温快熟减少食材表面的水分，使得食材更酥脆耐嚼。

由此，当“炒”这种完全不同于其他方式的烹饪技法出现后，人们的味蕾很快就被它俘获了。

五、腌：腌渍的美味

腌萝卜、腌腊八蒜、腌腊肉……腌制食品在我们的生活中很常见，吃起来和其他食物有很大的不同，别有一番风味，而这番独特的味道正是腌渍产生的。

腌的出现，最早是为了延长食物的贮存时间，在没有冰箱等以低温方式保存食物的古代，腌是一种最常用和有效的食物保存方法。

我们的祖先将动物肉类作为食物后，意识到如果生肉放置时间太长，口味就会变差，因此逐渐探索出了两种生肉的贮存处理方法——“脯”和“鲊”。

“脯”是指将肉割成薄片风干保存，“鲊”则指在肉片上抹上一些“调味料”再进行风干，也就是“腌”的原型。

随着食盐的出现，以及被广泛用于饮食中，真正意义上的腌制才出现。前面说到过，大约在仰韶文化时期，人们从海水或沙中提取食盐，而那一时期，人们已经发明出了多种作为炊具和食具的陶器，而且也开始食用一些蔬菜。因而可以说，中国使用盐腌制蔬菜和肉类的历史是非常悠久的。

随着时代的发展，“腌”也不再单纯为食物的保存而服务，很多时候也被用于改变食物的风味，由此还发展出了不同的类型。例如，商代时的“腌”就不再只是以盐腌制了，还有以糖或酒为材料的浸渍；周代八珍中的“渍珍”，就是用糖和酒浸渍的肉块。

除了在肉类烹饪中的使用，“腌”还被用于酱菜的制作中。所谓酱菜就是用盐、糖、醋、酒或者酱制品腌渍的蔬菜。《周礼·天官·醢人》中有“七菹”，郑玄注：“韭、菁、茆、葵、芹、箈、笋……凡醯酱所和，细切为齑，全物若牒为菹。”《说文》曰：“菹，酢菜也。”南朝梁宗懔《荆楚岁时记》曰：“仲冬之月，采撷霜芜菁、葵等杂菜，干之，并为干盐菹。”其中的“菹”，本指将食物用刀子粗切，后来指蔬菜被粗切后做成的酸菜、泡菜、腌菜或酱菜。

不过，酱菜出现的时间，目前具有确切证据的是西汉时期。湖南长沙马王堆西汉墓中曾出土过一罐豆豉姜，这是迄今发现的关于腌渍蔬菜的最早实物证据。

或许是古人感受到了酱菜的妙处——既有浓香的味道，又便于保存，在此后的时间里，酱菜的制作越来越普遍，而“腌”伴随着酱菜技术的提升也在不断发展变化。

北魏贾思勰《齐民要术》一书中，记载的“菹”共数十种，除了腌制品，还有甜酱、酱油等加工的酱菜，酒糟做的糟菜，糖蜜做的甜酱菜等。

到了唐代，我国的酱菜制作技术又进一步提高，并借由大唐强大的影响力传到了日本，日本著名的奈良酱菜就是源于此。明清时期，腌制水平达到巅峰，人们对于腌制食物已经颇有心得，如袁枚在《随园食单》中就记载了腌制蔬菜的经验：“腌冬菜、黄芽菜，淡则味鲜，咸则味恶。然欲久放，则非盐不可。常腌一大坛三伏时开之，上半截虽臭烂，而下半截香美异常，色白如玉。”

现今，腌制已从原先的保存手段转变为独特风味产品的加工技术。我国的腌渍食品多种多样，风味独特，在海内外享有很高的声誉。

第六章

中国代表性饮食：最具中国烙印的美食

“白胖子，软又香，北方人儿最爱吃。”大家能猜出这个谜语的谜底是什么吗？它就是经常出现在我们餐桌上的馒头。大家肯定都吃过馒头，也知道它是怎么制作的，但是，你们知道它是什么时候出现的吗？最初的馒头又是什么样的呢？

馒头也叫“馍馍”“蒸馍”，是以小麦面粉为主要原料，经发酵，蒸制而成的传统面食。

相传馒头是由三国时期的诸葛亮发明的。诸葛亮七擒孟获，平定南蛮之后，过江受战死冤魂之阻。诸葛亮面对此景心急如焚，想来想去只好祭奠河神，求神降福惩魔，保佑生灵。诸葛亮不忍用人头祭祀，而发明馒头为替代品。明朝郎瑛所著的文言笔记《七修类稿》对此有记载：“馒头本名蛮头，蛮地以人头祭神，诸葛之征孟获，命以面包肉为人头以祭，谓之‘蛮头’，今讹而为馒头也。”

根据史料记载，馒头原为“曼头”。“曼头”一词最早见于西晋束广微的《饼赋》：“三春之初，阴阳交际，寒气既消，温不至热，于时享宴，则曼头宜设。”

事实上，馒头的诞生，与古人对面粉制法以及发酵技术的掌握程度息息相关。

在殷商时期，人们加工粮食作物的方式还比较原始，运用碾盘、杵臼等进行粗加工，不仅费时费力，也不能将壳去净。到了周代，能够对谷物进行精细加工的工具——石磨才出现。这意味着人们可以将谷物更快速地碾碎，制成更细致的粉状，而后再制成食品。因此，从周代以后，人们才开始大规模地吃面食，而这之前，人们食用麦子的主要方式就是煮粥或直接蒸食。

三国时期，发酵技术有了较大进步，且日趋成熟。根据《食经》的记载，三国时代的厨子可以利用发酵将两升面发成双倍，然后制成蒸饼。

既能大规模地制造面粉，又有成熟的发酵技术，馒头也就自然而然地诞生了。

不过，古代的馒头与现代的馒头有所不同，它更类似于现在的包子，内含有馅。汉朝时，石磨已经广泛使用，馒头更加常见，而此时的馒头被称作“饼”，这种名称一直沿用至晋代以后的一段时间，如《名义考》中记载："以面蒸而食者曰'蒸饼'又曰'笼饼'，即今馒头。"

唐以后，馒头的形态变小，多为观赏用，被称作"玉柱"或"灌浆"。南唐时还曾出现过一种"字馒头"，其上刻有文辞印记。宋代的馒头，是作为点心食用的，深受当时太学生的欢迎，因内部含有馅，又被称为"包子"，宋人《燕翼诒谋录》中写道："仁宗诞日，赐群臣包子。包子即馒头别名。"而真正跟现代类似的馒头，则叫作"蒸饼"，如《水浒传》中武大郎所卖的炊饼，其实就是馒头。

唐宋之后，无馅的馒头才开始流行，《燕翼诒谋录》有言："今俗屑面发酵，或有馅，或无馅，蒸食者谓之馒头。"

清代时，馒头的称谓出现了南北之分，北方将有馅的称为包子，无馅的叫作馒头，南方则相反，也有地区将甜馅的称为馒头。

如今，馒头仍然是人们餐桌上的主角，且有了更多的种类和花样，有手工制作的也有机器生产的，有圆形的也有方形的，有杂粮面的也有蔬菜面的，有甜味的，奶味的，还有肉味的，巧克力味的，不一而足。

辗转千年的光阴，中国人的饮食已经发生了翻天覆地的变化，却依然离不开这小小的馒头。可见，馒头在中国人心中和在中国饮食中的地位。

二、“团圆吉庆”的饺子

俗语说“上车饺子，下车面”，对于中国人来说，最具家的情怀和仪式感的食物，莫过于饺子。

无论身在何方，一碗饺子总是能勾起人们对于故乡亲人的怀念。饺子之于中国人是一种美食，但又不仅仅是美食。

饺子，最开始并不叫饺子，而是有个更好听的名字——“娇耳”。娇耳有个“耳”字，而饺子也长得很像耳朵，还有冬至“吃饺子不冻耳朵”的说法，那饺子是不是真的与耳朵有关呢？

饺子最早诞生于东汉，据传是东汉名医张仲景所创，原本是用来治病的药物。

相传有一年，张仲景告老还乡回了老家，那时正值冬天，寒风凛冽，到达自己家乡时，他看到一些老百姓衣着单薄，耳朵都被冻出了血。“医者父母心”，张仲景见此情景，心里十分难受，他知道这些百姓都是穷苦人，可能连饭都吃不起，肯定没钱看病。

张仲景回到住处后，就让徒弟和仆人在南阳东关的空地上搭建了一个棚子，打算为穷人舍药治耳朵上的冻疮。开张那天，正好是冬至，想到穷人们又冷又吃不饱，张仲景就将药材和肉混合做馅，为了使其不散乱，又用薄薄的面皮包住，捏成“耳朵状”，而后用沸水煮熟。

穷人们吃了娇耳，喝了汤，身上立刻暖和了起来，耳朵也不冷了，冻疮很快就好了。此后，冬至吃娇耳逐渐成为一种习俗流传了下来。

三国时期，饺子已经成为一种常见食物，由于个头较小，相对扁细，形似月牙，在当时被称为“月牙馄饨”。

到了唐代时，饺子又叫作“偃月形馄饨”，样式大小非常接近现在的饺子，食用时要捞出来放在盘子里单独吃。

宋代称饺子为“角儿”或“角子”，后世“饺子”这一名称正是源于此。在漫长的发展过程中，饺子样貌不一，也有各种各样的称谓，除上面提到的，还有“粉角”“扁食”“牢丸”等，直到清代才统称为“饺子”。

制作饺子可使用的原料非常多，蔬菜和肉类都可入馅，营养价值高，而且蒸煮能保证营养流失较少。多样的馅料，薄弹的面皮，再加上搭配合理的调味品，这样制作出来的饺子，皮薄、味美，让人百吃不厌，这也正是饺子能够流传千年还深受人们喜爱的主要原因。

饺子除了有独特的口味，它蕴含的寓意也是人们对它无法割舍的原因之一。

饺子，也被称为“交子”，有新旧交替之意，象征着喜庆团圆、吉祥如意。过年吃饺子，辞旧迎新尤为应景。据史料记载，过年吃饺子的习俗在明代时就已经形成，据《酌中志》载，明代宫廷“正月初一五更起……饮柏椒酒，吃水点心。或暗包银钱一二于内，得之者以卜一岁之吉，是日亦互相拜祝，名曰贺新年也”，“水点心”即饺子。

随着历史不断发展，饺子象征“团圆吉庆”的寓意也更加深入人心，如今人们不仅过节吃饺子图吉利，但凡有个喜庆的事情，也都会用吃饺子来表达欢喜、祈愿的心情。

现在，饺子早已走出国门，成为世界性的美食，但在中国，饺子不仅仅是一种美食，更是蕴含着中华民族文化的载体，代表着中国人对美好生活的向往与诉求。

正如香肠之于德国，泡菜之于韩国，寿司之于日本，饺子也是中国人的一种民族符号。

三、卤水点豆腐，一物降一物

我国近代大豆专家李煜瀛曾说："中国之豆腐为食品之极良者，其性滋补，其价廉，其制造之法纯本乎科学。"

豆腐中含有人体所需的八种氨基酸，具有很高的营养价值，自古以来，豆腐就以它的"物美价廉"受到普通大众的青睐。

豆腐是中国本土食物，有着悠久的历史。究其诞生，其实是一次意外，读来颇有趣味。

在距今2000年前，汉高祖之孙刘安在一次组织方士们炼丹药时，不小心将石膏点到了豆汁里，豆汁逐渐凝结成块。刘安深感惊奇，就拿了一小块放进嘴里品尝，味道竟还不错。后来，刘安的母亲因生病不能吃生硬之物，但刘母又喜欢吃黄豆，刘安就命人将黄豆制成豆腐花给母亲吃。母亲吃了豆腐花后，心情大好，病情也有所好转。此后，豆腐就流传了下来。

至于豆腐到底是不是刘安炼丹时无意制成的，并没有确切的依据，但根据史料的记载，这种情况有很大的可能性，因而后世一般认为豆腐是汉代刘安所创，如明李时珍的《本草纲目·谷部·豆腐》中就有记载，“豆腐之法，始于前汉淮南王刘安”。

最初的豆腐因为制作工艺粗糙，凝固性和口感差，并不受大众喜欢，这种情况一直持续到五代才有所改善。到了宋代，豆腐制作工艺有了很大进步，当时所产的豆腐质地细腻，口感润滑，受到了越来越多人的喜欢，并在各地普及，成为人们饭桌上的常客。

到了明代，豆腐的制作更加精细，烹饪方法也更为多样，鱼头豆腐、酿豆腐、熏豆腐等，都是当时有名的菜品，有的菜还被引入宫廷，据说明太祖朱元璋就是豆腐的喜好者。关于豆腐的制法，李时珍的《本草纲目》有详细记载，“造法：水浸、破碎、去渣、蒸煮，以盐卤汁或山矾汁或酸醋淀，就釜收入。又有人缸

内以石膏末收者。大抵得咸苦酸辛之物，皆可收敛耳”。

到了清代，豆腐已经成为人们饮食生活中不可缺少的食材，上至皇家贵族、王侯将相，下至平民百姓、贩夫走卒，餐桌上都会出现豆腐。

这一时期，豆腐在形态上有了很多变化，清代诗人李调元在其《童山诗集》中就提到了豆腐皮、五香豆腐干、姑苏糟豆腐、臭豆腐、豆腐乳等的制作方法。其中的臭豆腐，相传还曾得到过慈禧太后的赐名。据说有一年秋天，慈禧太后因食欲不振而大发脾气，御厨们绞尽脑汁都没把老佛爷的胃哄好。后来，有一个小太监从宫外买来几块臭豆腐给慈禧品尝。慈禧尝过之后，觉得这款小菜味道爽口下饭，就将它列为每顿必有的美食，还赐名“青方”。

在清代的民间，豆腐开始呈现出民族和地域的差异，如南方是石膏点制的嫩豆腐，北方则是盐卤点制的老豆腐。朝鲜族爱吃各种炖豆腐菜，土家族喜食柴火上熏烤的猪血豆腐，各地还有豆腐花、盆豆腐、千张、豆腐衣等豆腐制品。

同治年间，四川成都的豆腐也极富地方特色，而其中的代表莫过于“陈麻婆豆腐”。陈麻婆豆腐以“麻辣”著称，用豆腐、猪肉为原料，加辣椒粉、花椒、麻辣油烧制而成，做法上遵循“麻、辣、鲜、香、酥、嫩、烫、浑”

的八字诀。

如今豆腐的种类和吃法更是五花八门，是人们日常生活中极为常见的食材，以其为原料的食品受到了很多人的喜欢。

豆腐作为中国古代饮食领域的一项重要发明和饮食文化中富有代表性的食品，伴随着中国人的味蕾走过了千年悠悠岁月，了解它的起源和发展，对于了解中国的烹饪文化很有帮助。

四、“可盐可甜”的年糕

“摇啊摇，摇啊摇，摇到外婆桥，外婆请我吃年糕。糖蘸蘸多吃块，盐蘸蘸少吃块，酱油蘸蘸吃半块。”

这首充满童趣的《吃年糕》，大家一定有印象吧！其中提到的年糕，也一定不陌生。色如玉，味如脂，软糯黏香的年糕，不知道承载着多少人儿时美好的记忆和童年的快乐。

年糕与“年高”同音，有“年年高”的寓意，因此在春节，很多地方都有吃年糕的习俗，以此来表达人们对新的一年的期待和祝愿。在一些地方，年糕已经成为一种较为常见的小吃，并不是只有新春佳节才能吃到。

年糕是用黏性很大的糯米或者糯米粉蒸制而成的，这也就意味着，年糕的出现与稻谷的种植息息相关。

我国种植稻谷的历史非常悠久，大约在距今 7000 年前的原始社会晚期，我们的祖先就已经培育出了稻谷。1974 年，考古工作者在浙江余姚河姆渡遗址中发现了稻种，证实了这种说法。

据传，年糕是由春秋时期的吴国大夫伍子胥所创。伍子胥因担忧吴国命运，便做好了屯粮防饥的准备，将糯米砌成砖块埋于都城城墙处地下三尺。后来，越王勾践举兵伐吴，包围了吴国都城姑苏，吴国军民被困城中，很快粮草断绝，所幸他们找到了伍子胥制作的糯米糕才得以度过危机。此后，年糕便流传开来。

传说也只是传说，真实性有待考证，不过吴国姑苏城一带（即今天的江苏苏州地区）所制年糕的确较为方正，形似城砖，也有过年吃年糕纪念伍子胥的习俗。

史料中记载的年糕，最早见于周代，“羞边之食，糗饵粉餈”。粉餈即为米粉蒸做而成。不过，以米粒制年糕的做法出现的时间应该要更早，毕竟米粒到米粉的转换，在周代以前并不是一件简单的事情。

在汉代及以后有较多文献记载年糕，如汉代扬雄的《方言》一书中就有“糕”的称谓，这一时期，年糕还被称为“稻饼”“饵”“糍”。

到魏晋南北朝时，不管是米粒制成的年糕，还是米粉制成的年糕，已经相当普遍。如《食次》中就记录了白糖年糕的做法：“熟炊秫稻米饭，及热于杵臼净者，舂之为米咨糍，须令极熟，勿令有米粒。”北魏贾思勰的《齐民要术》有用米粉制作年糕的详细记录：将糯米粉筛过后，加水、蜜和成面团，然后将枣和栗子等贴在其上，最后用箬叶裹起蒸熟。

明清时期，年糕有了南北风味的区别，并频繁出现于人们的日常生活中，且在南方一些地区它已经成为市面上一种常年供应的小吃。

发展到今天，年糕的形式和种类都丰富了很多，颜色有红色、白色、黄色，形状有方形、条形、字形、动物形等，口味则因地方不同而有所差别，如北方的年糕可蒸可炸，均为甜味，南方的除蒸、炸外，尚有片炒和汤煮诸法，味道甜咸皆有。

年糕中，宁波年糕、弋阳年糕、福州年糕以及苏氏年糕最为有名。

宁波年糕历史悠久，食用时，炒、炸、片炒、汤煮等均可，味道咸甜皆宜。宁波人在春节时做年糕，会用模具将其压成“五福”“金钱”等形状，或直接捏成“玉兔”“白鹅”等。

弋阳年糕始于唐代，有独特的制作工艺，具有通透柔韧、久煮不煳的特点，可蒸、炒、煮，搭配肉类、蔬菜、蜂蜜、白糖等食用，味道有咸有甜。

福州年糕又叫糖粿，是用加糖的米粉制成，有时候还会在其中混入花生、红豆、红枣等，味道以甜为主。

苏氏年糕分为猪油年糕和红、白糖年糕，猪油年糕又有桂花、枣蓉、玫瑰、薄荷四种口味，颜色鲜艳，油而不腻。

此外，北方白糕、塞北黄米糕、江南水磨年糕、海南年糕、台湾红龟糕、广东年糕等也都是年糕中的佳品，美味醇香，富有地方特色。

多样的外观，多重的口味，久远的历史，丰富的内涵，全都集中于一块小小的年糕之上，方寸之间，将中华饮食文化的博大精深体现得淋漓尽致。

五、鲜红似火的火腿

说到火腿，我们可能下意识地会去猜想它是外国的美食。事实上，火腿可不是什么洋食品，而是咱们中国地地道道的传统美食，并且有很长的历史了。

怎么样，是不是有些惊讶和好奇？那么，古代人是怎么制造火腿的呢？接下来就让我们走进火腿的故事里，认真探索一番。

火腿，是指经过盐渍、烟熏、发酵和干燥处理的动物后腿，它是中国饮食中独具特色的传统美食。

火腿起源于唐代以前，但具体是何时，并没有详细的文献记录，且当时还未出现“火腿”二字。火腿以浙江金华产的为佳，所以一般也认为浙江金华是火腿的发源地。唐代陈藏器所著的《本草拾遗》一书中有“火骽，产金华者佳”的描述，“骽”就是“腿”的意思。

唐代时，金华一带的民间开始腌制火腿，但此时的火腿还不流行。直到宋代，金华火腿才逐渐流行起来，并受到人们的喜欢。北宋文学家、美食家苏东坡就很爱吃火腿，在其《格物粗谈·饮食》中还记载了火腿的做法：“火腿用猪胰二个同煮，油尽去。藏火腿于谷内，数十年不油，一云谷糠。”

相传，金华火腿的流行与宋代抗金名将宗泽有关。宗泽是浙江金华义乌人。一次，他率领军队打了胜仗，路过家乡时，受到了百姓的热烈欢迎，百姓们给军队送上了大量当地产的“两头乌”猪肉。宗泽怕猪肉变质，就命人把硝盐均匀地抹在猪肉上，再装入船舱封起来。到了目的地后，众人打开船舱，发现猪肉不仅没有发腐，反而奇香扑鼻，吃起来也非常好吃。

后来，宗泽到京城复命，带了两条腌制的“两头乌”猪后腿献给皇上。皇上看到那两个火红异常的猪腿，十分兴奋，当即切了一块品尝，甚觉美味，于是赐名“火腿”。此后，金华火腿就成了朝廷贡品，“火腿”的名字也由此流传了下来。

明清时期，金华火腿已经享誉全国，被列为浙江的著名特产。清代时，金华火腿还曾参加德国莱比锡万国博览会的美食评奖，并获金奖，此后名声大噪，远销日本和东南亚各国。

金华火腿是金华人民勤劳与智慧的结晶，它能够驰名中外，源于它独特的口味和外观。

谢墉的《食味杂咏》中提道：“金华人家多种田、酿酒、育豕。每饭熟，必先漉汁和糟饲猪，猪食糟肥美。”火腿好不好吃，还得看用的肉是不是精品，金华人如此用心养殖出来的猪，肉质定是佳品。

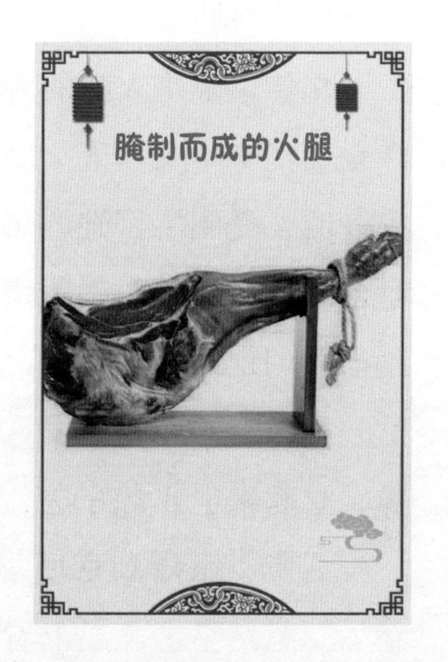
腌制而成的火腿

金华特有的“两头乌”猪，猪身洁白，头尾乌黑，肥瘦均匀，皮薄肉鲜，由其肉制成的火腿也是美味异常。

猪肉好是一方面，加工考究是制作好火腿的另一原因。金华火腿要经过浸腿、洗腿、整形、翻腿、洗晒、风干等数道程序，往往需几个月的时间才能制成，因而十分入味，香气浓烈。

金华火腿颜色鲜红似火，香而不腻，可谓色香味俱全。此外，这样制成的火腿还便于贮存和携带，自然受到越来越多人的青睐。

如今金华火腿也有了更多的种类，所用原料也不再单纯是猪肉，其按照腌制季节、加工方法、所用原料等可划分为多种类型，如“早冬腿”“早春腿”“风腿”“戌腿”“小珍腿”等。

我国的火腿产地颇多，除浙江金华外，江苏如皋、云南宣威以及江西安福出产的火腿也很有名气。

六、千年流行不衰的粽子

“未吃端午粽，寒衣不可送；吃了端午粽，还要冻三冻。”提到端午，就离不开粽子，它们两个就好像是形影不离的好朋友。那么，你们可知道粽子和端午节之间的渊源？粽子是什么时候出现的？

粽子由粽叶包裹糯米蒸制而成。它所用的材料是糯米、馅料以及箬叶、柊叶、簕古子叶等粽叶，形状有尖角状、四角状等。

粽子又称“粽粑”，粑是古时人们祭拜祖先神灵的贡品，粽粑属于其中的一类，主要用于端午节的祭祀活动。史料上与粽子相关的文字记载，最早的是汉代许慎《说文解字》:“糉，芦叶裹米也。”“糉”是粽的古时写法。

东汉时，粽子多以菰叶包黍米制成四角状，当时出现了少量带猪肉馅的粽子，很受人们欢迎。

到了晋代，粽子的原料更丰富，除了糯米外，人们还会添加中药、兽肉、板栗等。这一时期，粽子流行程度大大增加，并被正式定为端午节的节庆食品。西晋新平太守周处所写的《风土记》就有“仲夏端五，方伯协极。享用角黍，龟鳞顺德”的记载，其中“角黍”就是粽子，因用黍米制成，又呈角状，故名。

唐代时，人们制作粽子时已经很少使用黍米了，取而代之的是白莹如玉的糯米，粽子的形状除了角状之外，还有菱形和锥形。宋代时，粽子的品种又有所增加，出现了蜜饯粽、水果粽等，以果品入粽在当时已是常见做法，苏东坡就有“时於粽里得杨梅”的诗句。

元、明、清时期，粽子经历了更多的变化，粽叶由菰叶变革为箬叶，后又增加了芦苇叶；粽子的馅料增添了豆沙、松子仁、胡桃、火腿等多种材料；形状上也更加丰富，有正四角形、方形、长形等。并且，随着时代的发展，粽子用于祭祀的意味已经大大消减，更多的是代表吉祥和祝愿。在很多地方，人们不仅在

端午节吃粽子，平常生活中，遇到重大的事情，想要讨个好彩头，也会吃粽子。

由于饮食习惯的不同，粽子也有地域风味的划分，笼统地说，北方粽子口味比较单一，多是糯米所做，多为红枣、豆沙馅；南方的粽子馅料多样，做法也相对复杂，样式较多。

北方各地的粽子相差无几，以北京粽子为例，所用原料有糯米和黄米，个头儿较大，多为三角或四角形，馅料以甜味为主。

南方粽子以广东为代表，形式多样，有塔形、锥形和条形，有咸肉粽、豆沙粽和枧水粽，其中以咸味粽最受欢迎，因其所用馅料极为丰富，包含肉、咸蛋黄、虾米、花生等 10 余种。

我国江南地区的粽子最负盛名，做法最为讲究，品种繁多。以嘉兴粽子为例，最常见的有艾香粽、竹叶粽、腊肠粽、莲子粽、薄荷香粽、松仁粽、甜茶粽、九子粽等。与其他地方粽子最大的不同在于，江南粽子所用的糯米会预先用稻草灰汤浸渍，这样可以使馅料更入味。

作为中华传统美食，粽子有着极为深厚的历史文化积淀，蕴含着只有中国人才懂的情怀，正所谓“每逢端午献玉身，一份真情一寸心。可口非因香味美，身有正气誉乾坤”。

第七章

餐桌上的趣谈：烹饪典故趣事

一、曹操是个美食家

电视剧《三国演义》播出后，引发了人们对于曹操形象的争论。曹操的人物形象之所以难以塑造，是因为他的复杂性，他生性多疑、奸诈狡猾，但也率性豪放、博古通今，他既是运筹帷幄的军事家、政治家，也是一个多愁善感的文人、诗人。然而，在这些人们熟知的面孔之外，他其实还有鲜为人知的另一面。

曹操府上门客众多，是因为他爱惜人才，也与他“会吃懂美食”有关。曹操心怀大略，唯才是举，常有各路英雄豪杰来投奔他，这自然是一件值得高兴的事。古人一高兴，必定摆设筵席，把酒言欢，这样看来，曹操要经常举办和参加宴会，还要把关宴会上的菜品，让客人们吃好喝好。如此，一个美食家的形象也就呼之欲出了。

曹操是个美食家，这并不是某些人的臆想或杜撰，而是有着客观依据的。

曹操著有一本饮食专著，名叫《魏武四时食制》，被收录在《太平御览》和《颜氏家训》中。

《魏武四时食制》中记录了很多曹操在日常生活或者行军打仗过程中产生的美食心得和制作的多种菜品，从中我们可以看出曹操的烹饪才能和对美食的喜好。

书中有一道名菜叫作官渡泥鳅，是以泥鳅加辽参煨制而成的。相传，官渡之战爆发前夕，曹操军中粮草紧缺，形势十分紧张。有几个士兵因为太过饥饿，就擅自去附近河中挖了泥鳅烤着吃，结果被发现了，以违反军纪罪押送至曹操帐中听候处置。曹操听了前因后果，并没有处罚这些士兵，反而让他们将烤泥鳅的吃法在全军推广，最后曹军凭此法度过了危机。

后来，曹操回到了许昌，又想起了官渡之战的烤泥鳅，就让厨师做了一道新的泥鳅菜：先把泥鳅放在清水里养一两天，让它吐出污泥，之后放到高汤里一两天，让它再喝一肚子高汤，然后过油，配辽参用火煨，取名“官渡泥鳅”。

除官渡泥鳅外，《魏武四时食制》中还收录了很多菜肴，有的是曹操记录的，有的是他亲自烹制的，如鲞鲙

（鲶鱼肉汤）、驼蹄羹（炖骆驼蹄汤）等。

此书还记载，曹操十分爱吃鸡肉，对鸡身上各个部位的味道都非常了解。

曹操喜欢吃鱼，《魏武四时食制》涉及鱼的菜品多达14种，书中还阐述了不同地区所产鱼的特点，以及味道如何，或者适合用什么方法烹制等。

从家畜到河鲜再到奇珍异食，可见曹操在饮食上涉猎之广，他不但吃的种类多，也懂得如何吃，这就足以证明他是个不折不扣的美食家。

二、野生大厨苏东坡

要说历史上众多风云人物中，在“吃”上有名气的，肯定不能少了苏东坡。且不说其他，单是以“东坡”二字命名的美食就有很多，东坡肉、东坡羹、东坡豆腐，哪一个不是家喻户晓的美食！

“东坡”二字能成为美食的前缀，与苏东坡的“吃货”本性分不开。

竹外桃花三两枝，春江水暖鸭先知。
蒌蒿满地芦芽短，正是河豚欲上时。

这首《惠崇春江晚景》表面上是苏轼赞美江南的秀丽春光，实际上字里行间藏不住他对河豚肉的垂涎欲滴。

众所周知，河豚虽然肉质鲜美，但含有剧毒，一旦厨师处理得不够好，就会导致严重的后果。然而在苏东坡眼里，这点风险与河豚的鲜美比起来，根本不值一提。

宋代孙奕《示儿编》中就记录了一则苏轼与河豚的轶事。苏轼被贬谪到常州，一个官员家里烹制了河豚，邀请他前去品尝。这位官员邀请苏轼的原因有两个，一是苏轼喜食河豚，二是想借机一睹苏轼吟诗作对的风采。于是开宴后，官员的家人们就躲在屏风后面偷听，想知道苏轼大快朵颐后会发出什么样的感想。可谁承想，从河豚端上桌，苏轼就一直埋头大吃，一句话也没有说，直到最后才发出一声感叹:“这味道，就是一死也值得啊！”

为了品尝一口美味，甘愿丢了性命，对美食热衷到这般地步，古今中外恐怕也只有苏轼一人了吧。

苏轼不仅敢吃，而且会吃。在苏轼的饭后水果名列中，荔枝居于首位。在岭南地区生活期间，荔枝常常登上苏东坡的餐桌，饭后爽口来几颗，吃肉解腻来几颗，闲暇解闷再来几颗。正因为他喜好荔枝，也才会吟出“日啖荔枝三百颗，不辞长作岭南人”的诗句。荔枝作为一种水果，没有什么危险性，但因其是温性，吃多

了对身体健康也不利，若真“日啖三百颗”，大概率上会引发严重的上火。

苏东坡除了会吃、敢吃，还是烹饪能手，极具料理之能。公元1079年，苏轼讽刺变法，批判当权者，被贬至黄州，生活窘迫，心怀愤懑。一日，他到街上闲逛，看到了一块肥瘦均匀、色泽红润的猪肉，一问价格还很便宜，当即就将其买了下来。回到家后，苏轼点好柴火，架起炖锅，暂时忘却了烦心事，拿着那块猪肉饶有兴致地烹饪了起来，做到兴头上，还作了一首颇有趣味的打油诗。

净洗铛，少著水，柴头罨烟焰不起。
待他自熟莫催他，火候足时他自美。
黄州好猪肉，价贱如泥土。
贵者不肯吃，贫者不解煮。
早晨起来打两碗，饱得自家君莫管。

诗中，苏轼毫不掩饰地表达了对黄州猪肉的赞美，还写到了烹饪猪肉时要注意的问题—— 一是煨炖时要注意抑制火势，不要用冒火焰的急火；二是火候要足，火候足了，肉质就会软糯嫩滑，无须添加多少佐料，吃起来也很美味。

苏东坡不但善做猪肉，对鸡肉的做法也很有研究。

苏轼所吃的鸡，并不是家养的鸡，而是“雉”，一种野鸡，它的肉质要更为鲜美。苏轼就非常擅长烧这种野鸡，在《食雉》中他写道："烹煎杂鸡鹜，爪距漫槎牙。"

苏东坡不仅能吃会做还善吟诗，与他相关的美食不胜其数，用"文人界的吃货，吃货界的文人"来评价他，极为贴切。

三、地道的食花客——袁枚

花作为观赏性植物，在人们的印象中一直是美好秀丽的，是令人赏心悦目的。对于深觉“秀色可餐”的古人来说，好看的东西大概率也是好吃的，于是花就与吃食联系在了一起。从菊花茶到鲜花饼再到百花粥，国人吃花，吃出了文化。

如今，以花卉为原料的食物在我们的生活中并不少。但是，对于多数人来说，说起鲜花，首先想到的还是欣赏，很难一下子将其与烹饪联系在一起。

这一点，跟古人比起来，可就差得远了。古人不仅赏花，也把花当作食物，还吃出各种花样。

中国吃花第一人，大概是战国时期的诗人屈原，他在《离骚》中吟道：“朝饮木兰之坠露兮，夕餐秋菊之落英。”早上饮木兰花上落下的露水，傍晚吃秋菊的花瓣，这是怎样的浪漫和雅致啊！

唐宋时期，出现了以花和稻米制成的百花糕和粥羹，深受当时文人雅士的喜爱。宋代林洪在《山家清供》中记载了用梅花熬粥的情形：“将梅花瓣洗净，用雪水煮；待白粥熟时同煮。”到了明清两代，花的吃法则更多，有煎食的，如明代王象晋《群芳谱》云：“玉兰花馔，花瓣洗净，拖面，麻油煎食最美”；有凉拌食用的，如清代顾仲《养小灵·餐芳谱》曰：“（迎春花）热水一过，酱、醋拌供。”

从这些记载中不难发现，吃花的都是些文人。在众多爱花吃花的文人雅客中，最会吃、最吃出名堂的，非袁枚莫属。

袁枚是清朝乾嘉时期的诗人，乾隆年间的进士，后因仕途不顺，辞官归田，到南京随园过起了逍遥日子。

在随园的生活虽然闲适，但袁枚总觉得少了些什么，直到有一天，他到一位朋友家做客，品尝到一种叫作“雪霞羹”的菜肴，心中的那点空缺才被完完整整地补满。

雪霞羹是一道以豆腐为主要原料烹制而成的菜肴，外观红白相间，犹如雪霁之霞，袁枚看到时觉得很有食欲，尝了一口，顿觉清爽鲜美，余香盈口。袁枚大饱口福后，恳请友人将烹饪的方法教给他，友人告知：“这盘菜的精华之处在于芙蓉花，采芙蓉花，去花蕊、花蒂，放进热水中焯之，然后与豆腐相配，融色味于一盘。”

袁枚恍然大悟，原来这道菜的清香之气来源于芙蓉花。此后，花就成了他生活中、饮食中重要的一部分。一年四季，春去秋来，他赏花采花，研究它们的吃法做法，并记录在案。

在袁枚看来，四季有不同的花，花的种类也极多，做花的方式更是数不胜数，除了直接鲜食外，还可以用蒸、煎、腌、煮、炸、烤、炒、酿等方式进行烹饪加工。

比如，桂花、槐花气味淡雅，且花瓣质地柔韧，可以用来蒸食，将其与糯米等食搭配，蒸出的糕点清香可口、软糯香甜。

玉兰花的花瓣较厚，适合煎炸，将其与面糊相裹，放进麻油中煎制成“花馔”。油炸食物最容易油腻，而玉兰花的花香会冲淡油腻的味道。

总之，袁枚爱花、爱吃花到了极致，他春食玉兰，夏食荷花，秋食菊花，冬食蜡梅。因为袁枚有较大的影响力，他食花的习惯流传到了各地，引起了广泛的效仿。

袁枚生性爱自由，追求清闲自在且富有情调的生活，即便在人生三大俗事之一的“吃”上，也要尽可能地风流高雅，吃出诗情画意。

四、四大美女与美食

美人如馐，美食如嫣。从古至今，美女与美食就是一对形影不离的概念。这不禁让人产生遐想，“沉鱼、落雁、闭月、羞花”的究竟是美人的容颜，还是色香味俱全的佳肴？

战国时期，道家的告子与儒家的孟子坐而论道，张口而出一句真理：“食色，性也。”这句直白的话彰显了美食与美色的相似性。

美食与美色看似是两个毫无联系的概念，两者实则却有着太多的共同之处，尤其是因外观和气味引发的感官愉悦。人们为了享受到愉悦的体验，就想方设法地将两者结合起来，于是，中国古代的四大美女与各种美食之间就产生了种种关联。

西施，四大美人之首，倾国倾城。

鲁菜中有一道传统名菜叫作“西施舌”，其原料是一种肉质白软柔嫩，形状与舌相类似，且味道极其鲜美的被称为“西施舌”的水产动物。在味道上，西施舌跟我们平时吃的蛤蜊没有太大区别，它之所以有这样的美称，是因为它的外壳非常漂亮，肉质清甜鲜美。

古代美人何其多，为何它偏偏取了“西施”的名字呢？原来，这里还有一个美丽的传说。

春秋时期，越王借助西施的美貌灭掉了吴国，大功告成后，越王就想接西施回宫，封其为妃。越国王后知道这件事情后，担心西施威胁到自己的地位，便暗中让人将西施困起来，在她背上绑了一块巨石，将她沉入了江底。西施含冤屈死，魂魄不甘轮回，就幻化成了舌头状的贝壳，期待有人能听到她用舌头诉说冤情。西施舌的名字便由此而来。

除了菜品西施舌，在西施的故乡诸暨，还有一种带馅儿的舌形点心也叫“西施舌”，其味道香甜可口，非常受人喜欢。

杨贵妃，体丰貌美，通晓音律。

相传，杨玉环做了唐玄宗的贵妃后，一日唐玄宗约杨贵妃到百花亭饮酒赏花，杨贵妃早早到了，却苦苦等不来君王，原来唐玄宗去了梅妃宫中。杨贵妃本就善妒，一听玄宗去了梅妃处，心中顿时愤懑起来，于是就借酒消愁，酒后纵情歌舞，媚态百出，上演了一场贵妃醉酒的好戏。

后来，唐朝的一位名厨独创了一道川菜，据说此菜是从“杨贵妃醉酒百花亭”的故事中获得的灵感，因而取名为“贵妃鸡”。

贵妃鸡所用的鸡要脂厚肉肥，这与杨贵妃丰腴的体态相合，应了当时唯肥腴红艳为美之说。此菜的成品色泽通红，在焖烧过程中又要用到酒，恰好又对上了“贵妃醉酒”的意境。

王昭君，貌若天仙，精通琴弦诗词。

汉朝为缓解与匈奴之间的紧张关系，维护边界安宁，决定与匈奴和亲，而昭君自愿到匈奴和亲。传说，昭君到达塞外后，因思念家乡，且吃不惯当地的食物，一度面容消瘦。后来，厨师用鸭汤和油面筋煮了一碗粉条，迎合了昭君的口味。除了这道菜之外，匈奴厨师还别出心裁地为王昭君创制了一道凉菜，是以面粉和面筋为原料，辅以香辣作料而成。

这两道菜品，昭君非常喜欢吃，也因此流传了下来，被后世称为“昭君鸭”和“昭君皮子”。

此外，湖北有一道传统名菜，名叫鸡泥桃花鱼，也与昭君有关。据说，昭君乘船离家去往塞外时，河两岸的桃花纷纷飘落，成群的桃花鱼跟在龙舟后久久不肯散去，昭君触景伤情，不禁流下了眼泪。桃花鱼因为沾染了昭君的泪水，颜色变得更加美丽，肉质也变得更加可口，以其入馔，美味异常。

貂蝉，国色天香，能歌善舞。

与貂蝉相关的美食中，最有名的是“貂蝉豆腐”，也就是人们常说的泥鳅钻豆腐。

这道菜以泥鳅和豆腐为主要食材，最初是一位渔民在无意间创制而成的，后来又有许多厨师对其进行了改进。而“貂蝉豆腐”的名字，据说是由清朝美食家袁枚所撰，以泥鳅比喻奸猾的董卓，豆腐比喻纯洁美好的貂蝉。在连环计中，董卓无处可藏，最终被吕布诛杀，正如这道菜中的泥鳅，即使钻入冷豆腐中还是逃脱不了被烹煮的命运。

民间小吃中还有种“貂蝉汤圆”，也与董卓有关。据说当年王允在送给董卓的汤圆中加入了生姜和辣椒，董卓吃了之后，肠胃头脑都颇为不适。正是在这一时刻，吕布突然赶到，一戟将董卓杀死。

与美人相关的食物，大都十分美味，这或许也正是美人之名的作用吧。美食入口，美人入心，感受味蕾与视觉的双重盛宴，人间乐事，不过如此。

五、十大名酒宴

中国人自古以来就有宴饮的传统和雅兴，众人围坐在一起，推杯换盏，品尽美食，极丝竹之乐，好不快活。宴会是出于一定的目的而举办，又聚集了一定数量的人，因而是最容易发生故事、最能凸显人文情怀的场合。中国古代历史中，就有一些名宴，它们或规模宏大，或奇幻旖旎，或极尽风雅……以至今日，仍被人们津津乐道。

最气派的家族宴会——孔府宴

孔府是孔子及其后人居住的地方，孔府宴，指的是孔家人在庆祝升迁、生辰佳节、婚丧嫁娶以及接待贵宾时举办的筵席。

孔府宴程式严谨，讲究仪式，且有严格的等级划分，第一等为接待皇族和钦差大臣所设，名为“满汉席”，全席要上菜品 196 道，餐具 404 件，是清代国宴规格。

尽显智慧和胆魄的宴会——渑池之会

战国时期，秦昭王想集中力量攻打楚国，便主动与敌国赵国示好，邀赵惠文王在渑池会谈。赵王畏惧但又不敢不去，就带了蔺相如同往。宴会上，秦王故意要求赵王鼓瑟，蔺相如据理力争，使秦王不得不击缶。而后，秦以给秦王祝寿为由索要赵国十五座城池，蔺相如寸步不让，让秦以都城咸阳为赵王祝寿。

这次宴会上，蔺相如有胆有谋，巧妙地保护了赵王的安全且不被羞辱，史称“渑池之会”。

杀机四伏的宴会——鸿门宴

秦末，刘邦和项羽各自带兵攻打秦军。刘邦虽兵力不如项羽，但先破秦都咸阳。刘邦手下曹无伤派人向项羽说刘邦打算在关中称王，项羽听后勃然大怒，欲起兵攻打刘邦。

在项伯的调和下，刘邦打算亲自去向项羽道歉，项羽设下了鸿门宴。宴会期间，一直主张杀掉刘邦的范增，一再催促项羽动手，但项羽犹豫不决。范增只好让项庄上场舞剑，找机会刺杀刘邦。最后在项伯及樊哙的掩护下，刘邦才得以趁机逃脱。

鸿门宴上，虽不乏美酒佳肴，但却暗藏杀机，被后世形容为不怀好意、别有动机的宴会。

简单却霸气的宴会——煮酒论英雄

东汉末年，曹操挟天子以令诸侯，势力强大。刘备虽为皇叔，却势单力薄，为防曹操谋害，只好隐藏锋芒，装作无能之辈。

一日，刘备正在浇菜，被曹操叫去赴宴。酒席上，曹操问刘备当世谁称得上真英雄，刘备装作毫无见地的样子，随口说了几个人，都被曹操予以否定。最后曹操直言："当今天下英雄，只有你和我两个！"刘备听后，大惊，手中的筷子也掉在了地上，当时正巧雷声大作，刘备就灵机一动，说自己怕打雷才掉了筷子。

此后，曹操心中认定刘备是个胆小如鼠的庸人，再不对他有疑心。这才有后来刘备联合孙权于赤壁打败曹操，开创了三国鼎立的局面。

最鼓舞人心的宴会——新亭会

西晋末年，经过八王之乱和永嘉之祸后，北方大片土地被胡人占领，北方士族纷纷南迁。南渡后的人们，虽一时安定下来，却时常心念故土，每逢闲暇，便相约到城外长江边的新亭相聚宴饮。

一次宴会上，名士周顗叹道："风景不殊，举目有江河之异。"一句话引得众人更加感怀家国无望，纷纷落泪。

名士王导见状，厉声道：“当共勠力王室，克服神州，何至作楚囚相对泣邪！”闻言，众人十分惭愧，立即振作了起来。

意义特殊的宴会——烧尾宴

烧尾宴是唐代极为风行的一种宴会，是为庆祝士人当官或升迁而举办的。烧尾宴的特殊就特殊在名字上，何为“烧尾”，说法有三：一是将士人比作老虎，老虎成人，要烧断尾巴；二是将士人比作羊，羊入新群，要烧焦旧尾；三是将士人比作鱼，鲤鱼要跃龙门，需烧掉鱼尾。

此外，烧尾宴也是规模极大的宴会，北宋陶谷《清异录》中就记载了唐朝宰相韦巨源举办的一场烧尾宴食单，其中有菜品58道，糕点20余种，取材不乏熊、鹿、狸、鳖、鹌鹑等。

高雅脱俗的宴会——西园雅集

北宋元丰年间，苏轼备受文人推崇，成为继欧阳修之后的宋代文坛领袖，爱好诗文雅事的驸马都尉王诜亦是苏轼的超级“粉丝”。

王诜与苏轼相熟后，多次邀请苏轼、李公麟、黄庭坚、米芾等文人雅士到自己的私家宅院中相聚，他们或弹琴和曲，或写诗作画，或谈经论道，或拨阮题石，或焚香点茶，或大快朵颐，尽风雅之事，极宴游之乐。

极具异域风情的宴会——诈马宴

诈马宴始于元代，是蒙古族特有的庆宴，以整头牛或整头羊为席。“诈马”在蒙语中的意思是煺去毛的整头牲畜。

诈马宴是由蒙古族分食整羊或整牛的民俗发展成为的宫廷宴，宴会上极重视服饰和礼仪。赴宴者所穿礼服都是由工匠专制，由皇帝颁赐的，且在宴会三日，需一日一换。

极高端的私人宴会——随园宴

清代大才子袁枚因仕途不顺，辞官回到南京随园过起了逍遥日子。南京随园其实就是曹雪芹笔下大观园的原型，当年曹家获罪，随园就被拨给了继任的官员，后来袁枚花重金将其买下。袁枚生性爱自由，喜欢结交好友，他入住随园后，就常摆设筵席，邀请友人来游玩。因为随园极为豪华，袁枚又对饮食颇为讲究，所备菜肴上至山珍海味，下至一粥一饭，都极为考究，所以当时的名流士绅，都以能在随园用餐为荣。

万寿园赐宴图

规模最大的宴会——千叟宴

千叟宴是清宫中规模最大，参与人数最多的皇家盛宴。

康熙五十二年，康熙帝在自己60岁寿诞时，于畅春园举办了第一次千叟宴，宴请了从四方到京师来为自己祝寿的老人。当时，凡65岁以上者不论官民，均可参加，赴宴者有千余人，盛况空前。此次宴会还带动起了各地的敬老爱老之风。